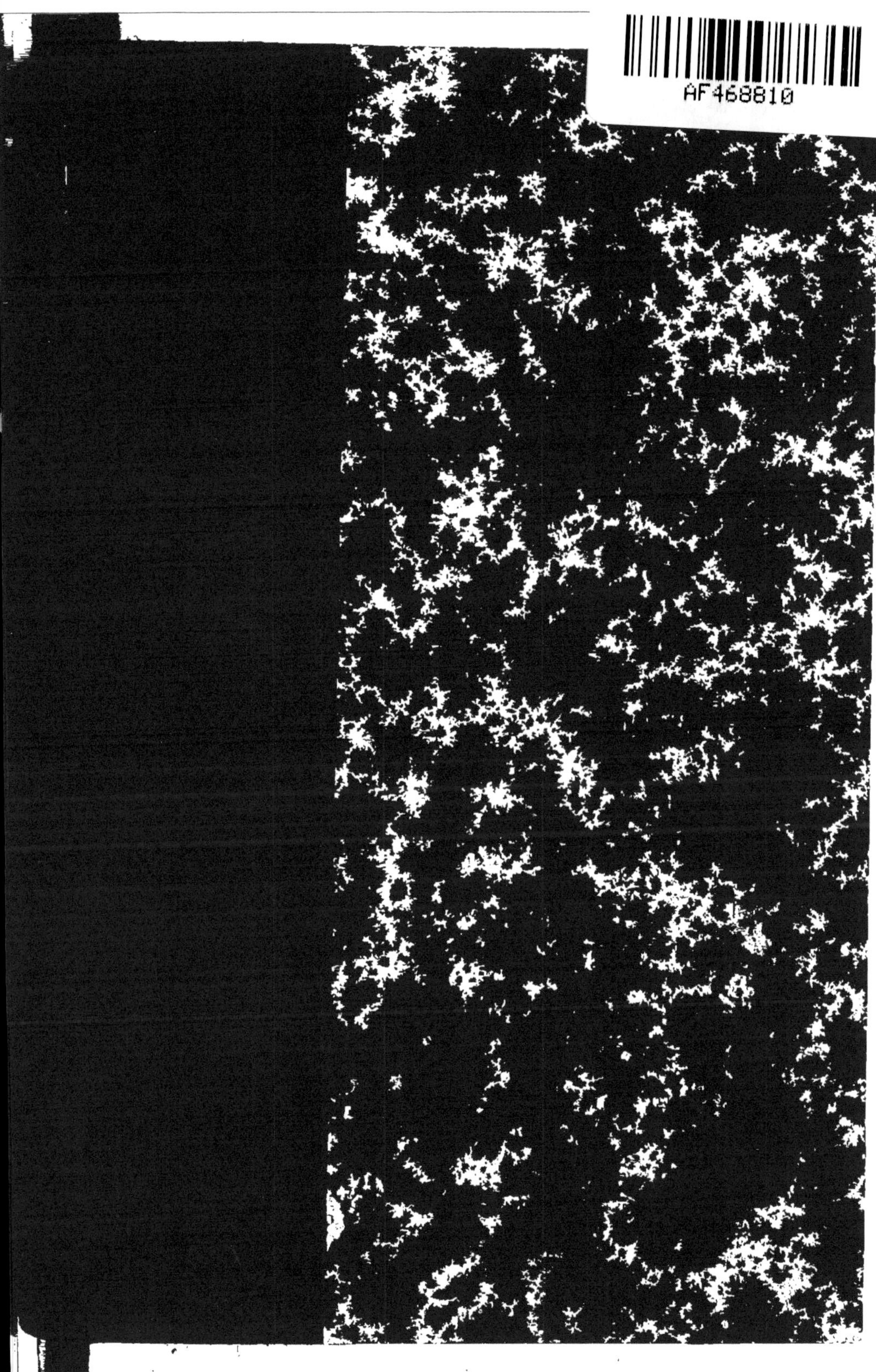

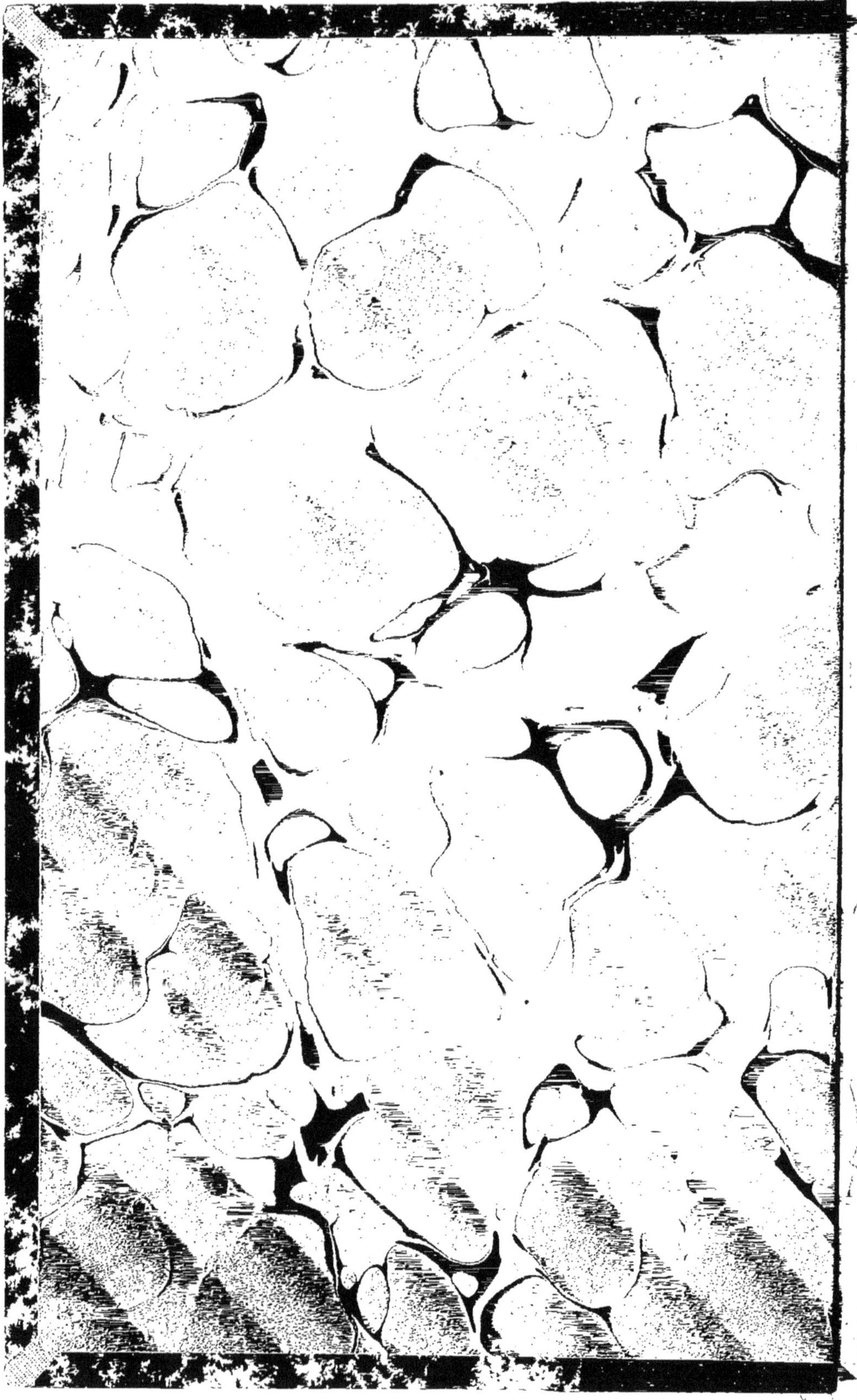

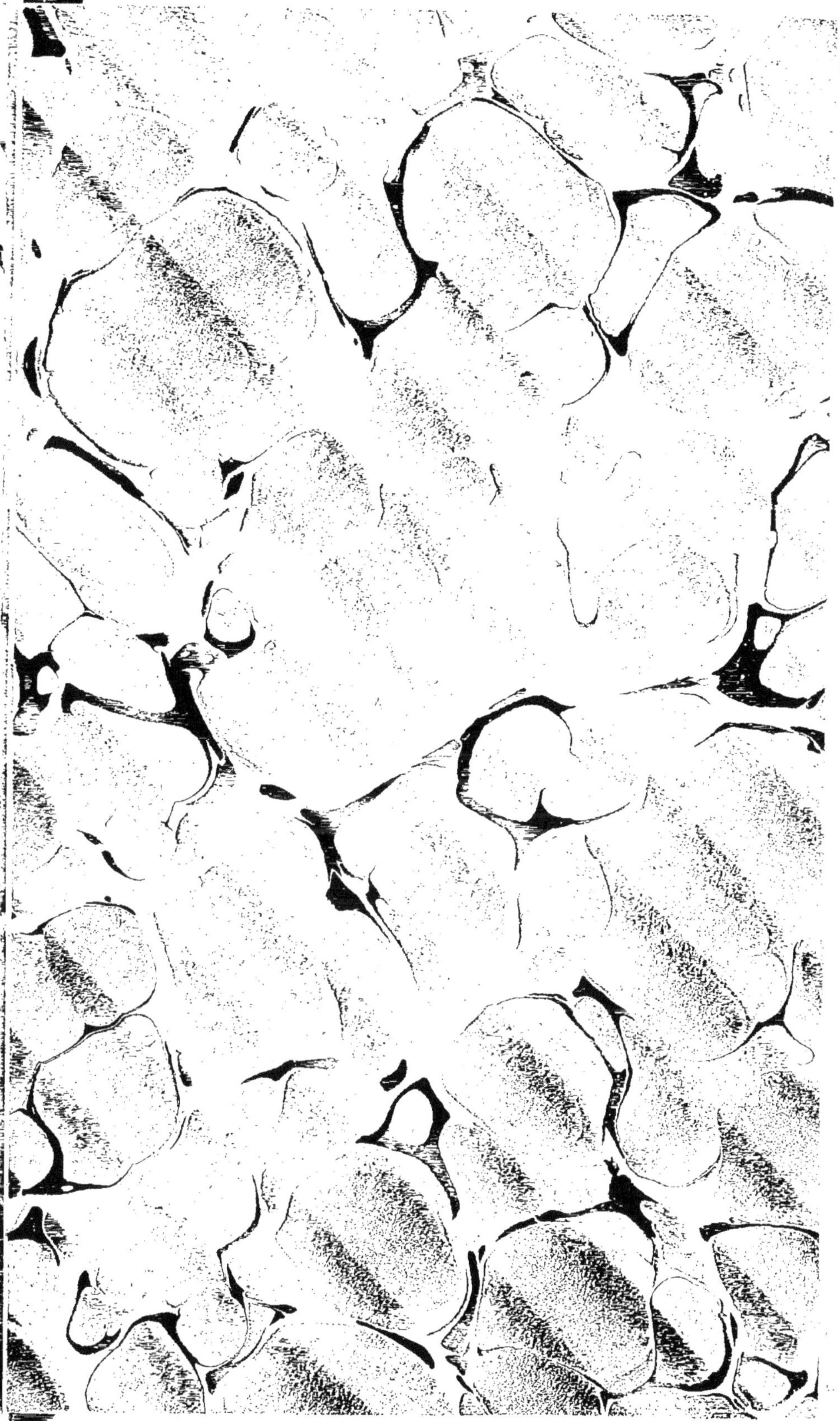

GÉRARD

D'HOMMES

DEUXIÈME ÉDITION

LE

MANGEUR D'HOMMES

Mon ami le major Leveson, surnommé *le vieux Chasseur*, m'ayant autorisé à faire connaître en France les belles chasses qu'il a faites dans l'Inde, je me suis empressé de profiter de cette gracieuse autorisation. J'espère que, même en dehors du monde du sport, ces récits intéresseront le lecteur. Si quelqu'un d'entre eux trouvait quelque négligence dans le style, nous lui ferions observer que nous avons cru devoir laisser à l'ouvrage le caractère original de l'auteur.

JULES GÉRARD.

I

CHASSE AU SANGLIER A LA LANCE.

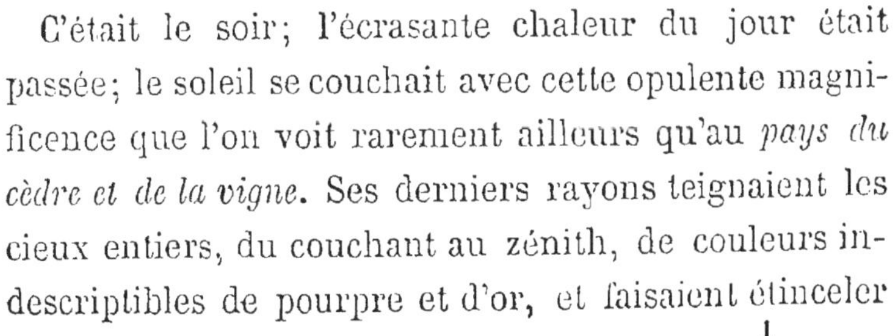

C'était le soir; l'écrasante chaleur du jour était passée; le soleil se couchait avec cette opulente magnificence que l'on voit rarement ailleurs qu'au *pays du cèdre et de la vigne*. Ses derniers rayons teignaient les cieux entiers, du couchant au zénith, de couleurs indescriptibles de pourpre et d'or, et faisaient étinceler les nombreuses tourelles dorées des mosquées et des minarets qui s'élevaient au-dessus des murailles crénelées de la forteresse de Golconde, pendant que, plus bas, les yeux se reposaient avec délices sur la sombre verdure des manguiers et le feuillage plus clair des gracieux tamariniers.

D'un côté s'étendait Golconde avec sa fière citadelle bâtie sur un rocher, ses murs bastionnés et ses créneaux à meurtrières ; de l'autre, s'élevaient ces magnifiques monuments des anciens jours, les tombeaux des rois avec leurs dômes massifs, leurs coupoles gigantesques, leurs minarets élancés et leurs arcades majestueuses.

Bien des changements ont eu lieu depuis que le dernier roi de la dynastie des Kootub-Shawee a été déposé dans son sépulcre. Son royaume appartient maintenant à des étrangers, et son nom même est aujourd'hui oublié sur cette terre où jadis il était tout-puissant; mais ces monuments si superbes encore attesteront à de nombreuses générations la splendeur et la magnificence des anciens souverains de l'Hindoustan.

Aucun ouvrage pareil ne se fait de nos jours, et ce qui rend ces édifices plus remarquables, c'est que les immenses blocs de granit avec lesquels ils sont construits ont dû être transportés de très-lointaines distances, car le sol n'en renferme pas de ce genre dans le voisinage. Les dômes prodigieux de ces mausolées royaux étaient autrefois décorés d'incrustations en émail de différentes couleurs, composant de ravissantes arabesques; mais le temps, aidé par les ravages de l'ignorance, est parvenu à en effacer une grande partie, et c'est seulement dans les endroits les plus abrités et les plus inaccessibles que l'on voit encore ce bel émail aussi frais, aussi pur que s'il venait d'y être placé. Le dommage que ces reliques du passé ont subi est d'autant plus à regretter que l'art même de composer cet émail a été perdu. Les murs de granit gris de l'intérieur sont admirablement sculptés, et dans de certains endroits les portes et les niches ornées sont en granit noir du plus beau poli.

Le plus grand de ces tombeaux peut contenir environ huit mille personnes. Il est bâti en forme de carré avec une galerie (*verandah*) ayant quarante-huit arches de tour. Quelques-uns des piliers sont sculptés dans un seul bloc de granit, et j'ai remarqué des dalles qui ont plus de soixante pieds de longueur. Sous le centre du dôme est le tombeau même, taillé dans un morceau massif de granit noir, poli à l'égal du plus beau marbre et couvert d'arabesques parfaitement sculptées, d'inscriptions persanes et de versets du Coran.

A chaque coin du bâtiment, un petit vestibule et un

escalier circulaire ont été pratiqués dans l'épaisseur du mur, pour conduire dans les minarets du haut desquels les muezzins appelaient les fidèles à la prière cinq fois dans la journée. Dans de vastes caveaux au-dessous sont les tombeaux des épouses, des maîtresses favorites et des enfants des rois. Ces tombeaux sont également en granit noir poli, et couverts d'inscriptions. Outre les sept grands tombeaux et plusieurs autres petits, cet édifice renferme de nombreuses mosquées, des autels, des réservoirs, des bains, des hospices (*dum-salahs*), des caravansérails et autres bâtiments pour la commodité des pèlerins et des voyageurs; mais, faute de soins, toutes ces constructions intérieures tombent en ruine.

Il y a un jardin très-bien entretenu autour d'un des tombeaux. On y voit fleurir la mangue, l'orange, le limon, le citron, la figue, le jaquier, la grenade, le plantain, la noix de coco, la vigne et la noix de bétel. C'est un endroit délicieux, tout à fait dans le style oriental, avec de longues avenues ombragées, des bordures en pierre, de nombreuses fontaines et des ruisseaux. Des parterres de roses et de jasmins des Indes remplissent l'air de leurs suaves senteurs, et, de distance en distance, sont placés des kiosques ornés à profusion d'arabesques et d'ingénieuses inscriptions arabes et persanes.

J'ai pris la peine d'en déchiffrer quelques-unes, et

j'ai trouvé que c'étaient des *gazzels* ou vers dans lesquels quelque jeune beauté est décrite comme ayant « des yeux noirs fendus en amande où se réfléchissait « la pureté de son cœur, mais qui faisaient plus de ra- « vages au cœur des hommes que l'épée à deux tran- « chants de Rustam; dont la voix était comme le chant « du soir du bulbul (rossignol des Indes) mêlé au « murmure lointain des eaux; dont la beauté faisait « pâlir la rose d'envie, et tomber de jalousie la grena- « dine; dont la démarche était gracieuse comme celle « de la lune argentée quand elle monte au firmament; « dont les lèvres étaient plus délicieuses à goûter que « le vin rosé de Schiraz; dont le sourire réjouissait le « cœur de ceux qui la contemplaient et le faisait fondre « en eau en présence de tant de beautés. » De nombreuses fontaines et des ruisseaux entourent encore la plupart de ces retraites, mais maintenant les fontaines sont délabrées et les ruisseaux à sec.

Le grand tombeau avait été désigné pour le rendez-vous d'une société de chasseurs de sangliers dont je faisais partie, et la grande quantité de lits volants installés dans les encoignures, autour de l'intérieur du bâtiment, indiquait que la réunion serait nombreuse. Presque sous le centre de la coupole, une foule de domestiques en habits de fête mettaient la table pour le dîner, et dans la verandah (galerie), des groupes d'officiers anglo-indiens, de tous grades, assis les pieds en l'air contre les piliers de pierre ou sur des tables, respiraient la brise, comparativement fraîche, du soir. Un costume léger, composé de longs caleçons de soie, de manches de chemise et de pantoufles, était à l'ordre du jour; mais quelques-uns, en vrais dandies, se pavanaient avec des toques brodées d'or, des chemises de fantaisie, de larges caleçons lamés d'or ou d'argent et des babouches richement brodées.

Nous étions un assemblage très-bigarré de toutes armes. Il y avait là de la cavalerie légère, des *light-bobs*, des officiers de la Reine et de la Compagnie, des réguliers et des irréguliers, de vieux vétérans bronzés par le temps, barbus comme les anciens druides, qui avaient passé un quart de siècle dans le pays, et aussi des jouvenceaux imberbes, qui n'avaient pas encore achevé la première année de leur noviciat dans les Indes (*griffinage*), et cependant tous étaient dans le même état d'excitation à la pensée de la chasse du lendemain.

Tandis qu'en attendant le dîner avec impatience, nous savourions le glouglou mélodieux de nos narghilés, ou la fumée odorante d'un cigare de Manille ou de Trichinopoly, N..., qui avait été le promoteur de l'expédition, se mit à nous en développer le programme. Nous devions déjeuner à trois heures du matin, monter à cheval et nous rendre au lieu de l'action, près de

Raneepet, village situé à douze milles environ de Golconde, où nos tentes et nos meilleurs chevaux de chasse avaient été expédiés d'avance. Nos chasseurs et nos batteurs avaient reconnu plusieurs compagnies de sangliers dans une longue pièce de jungles de petite futaie, et ils avaient formé une chaîne pour les empêcher de revenir dans la partie la plus épaisse du couvert.

Comme la lune était presque dans son plein et la distance peu éloignée, la battue devait commencer au jour et l'on s'attendait à une chasse de premier ordre, car nous avions avec nous quelques vieux routiers, tels que D..., S..., N..., C... et O..., connus comme les meilleures lances et les plus hardis cavaliers du Dekkan. La chasse au sanglier est le plaisir favori de ce pays. On l'y pratique avec perfection. Les plus habiles chasseurs de l'Inde y viennent des stations les plus éloignées pour y déployer leur adresse et y montrer l'excellence de leurs chevaux.

Le moment venu, une trompe donna le signal du dîner, ce qui produisit un bel effet d'acoustique, la fanfare étant répétée à l'infini par l'écho du dôme et des tombeaux.

Nous étions près de trente à table ; et après que le cliquetis des couteaux et des fourchettes et la fusillade de bouchons se furent calmés, nous nous retirâmes dans un des kiosques du jardin, où les chansons et les grogs circulèrent jusqu'à une heure avancée de la nuit.

Depuis cette soirée-là, bien des années se sont écoulées, et mes pas ont erré sur la moitié du globe; mais quand j'entends ces vieux airs, cette scène se représente toujours à ma mémoire; je crois voir encore ceux de mes vieux compagnons de la forêt ou du champ de bataille qui avaient coutume de les chanter jadis. Hélas! la plupart d'entre eux dorment maintenant sous le gazon tumulaire, tombés bravement dans le combat ou frappés par la maladie; et quant aux survivants, en bien petit nombre, ils sont tous dispersés. Et cependant le charme de ces souvenirs l'emporte sur leur mélancolie. L'Inde n'est pas peut-être la terre où l'on choisirait de vivre, mais l'on s'y attache avec une sorte d'amour impie, comme à une courtisane, car elle possède un attrait de fascination que je n'ai retrouvé nulle autre part. Aussi, lorsque je suis de retour dans mon pays natal, j'aime à me voir entouré de tous les objets qui me rappellent cette splendide contrée; j'aime à contempler dans ma demeure les trophées de mes victoires cynégétiques, les dépouilles conquises par ma carabine et par ma lance. Je pense alors avec un regret affectueux à mes compagnons, et je songe à la terre

Où les jeunes beautés, douces comme des roses
Passent en souriant, une fleur à la main;
Où, sous les rayons purs du soleil, toutes choses,
À part l'esprit de l'homme, ont un aspect divin.

Le matin, à l'heure dite, la trompette ébranla de nouveau les tombeaux et les échos du dôme, et nous fûmes bientôt debout pour le déjeuner, la cape en tête, vêtus de cuir et haut bottés. Quelques-uns des vieux chasseurs avaient des jaquettes en peau d'élan. Quelques minutes après nous étions en selle, et un petit galop d'une couple d'heures à la clarté de la lune nous conduisit à nos tentes, qui étaient dressées sous un magnifique banian. Ses vastes branches abritaient une soixantaine de chevaux arabes attachés à des piquets, et soignés chacun par son groom respectif.

Du café, de l'eau-de-vie mélangée d'eau de Seltz, des cigares, etc., circulèrent parmi les chasseurs pendant la halte qui fut accordée pour seller les chevaux. Un messager, envoyé par le chef du village qui était avec les batteurs, vint nous dire que les sangliers étaient rembuchés et que tout était prêt.

L'arbre sous lequel notre campement avait été installé devait être d'un grand âge, car au-dessous se voyaient les ruines d'un petit temple hindou qui portait les marques d'une haute antiquité. Quelques-uns des rejetons du tronc principal s'étaient insinués dans la maçonnerie et semblaient pousser dans le toit même.

La scène aux alentours était des plus pittoresques. Des collines rocailleuses dominaient la forêt dans toutes les directions, et entre nous et le village s'étendait un superbe lac, sur les eaux duquel nous entendions crier des oiseaux aquatiques de différentes espèces. Des perdrix s'appelaient tout autour de nous quand nous montâmes à cheval aux premiers rayons du jour.

Ma monture était un arabe alezan, mon favori, appelé Lal Babba (*Lal* signifie rouge, et *Babba* est un terme de tendresse employé généralement envers les enfants). Lal Babba était plein de feu et semblait aussi impatient que moi de partir en chasse. Il était d'une très-haute origine, d'un grand courage, et pourtant extrêmement docile; il avait la bouche très-sensible, qualité essentielle pour courir le sanglier; il excellait à franchir les obstacles, bien que petit, car il n'avait pas plus de quatorze mains deux pouces de haut; mais il était extrêmement actif, très-rapide, dur à la fatigue, et, en le sentant frissonner sous moi, je compris qu'il était dans les meilleures conditions possibles, et ne manquerait pas de me faire honneur.

Nous prîmes le galop de chasse jusqu'au lieu de l'action, situé à environ un demi-mille de nos tentes; nous comptions vingt-sept cavaliers bien montés, et, dès que nous eûmes pris position deux par deux, à une petite distance l'un de l'autre, comme des vedettes, dans le lit desséché d'un ruisseau (*nullah*), dont les bords nous cachaient à la vue, le signal fut donné, et la battue commença.

Nous attendîmes à peu près vingt minutes sans rien voir paraître, bien que nous entendissions se rapprocher le son des tam-tams (espèces de tambours) et des cholera-horns (grosses trompettes en cuivre, d'environ cinq pieds de long, en forme d'S), puis nous commençâmes à découvrir çà et là une longue ligne d'hommes s'avançant lentement à travers les buissons. Quand ils furent assez près de nous pour que nous pussions distinguer leurs turbans et leurs faces noires, les cris et les hurlements affreux, mêlés aux fanfares sauvages des trompes, au roulement des tam-tams et aux décharges incessantes des fusils à mèche et des fusées, leur donnaient l'aspect de quelque horde barbare venant nous attaquer avec un léger semblant de discipline.

Quand ils nous joignirent, le tapage devint épouvantable, et les clameurs éclatèrent plus discordantes que jamais, lorsque sur toute la ligne retentirent les cris de *Soor! soor!* (les sangliers! les sangliers!) *kalce janwar!* (les bêtes noires!)

A ces cris, chaque cavalier, dressé sur ses étriers, le regard avide, cherchait à apercevoir par où le gibier avait percé. Ce fut un moment d'anxiété indicible, et sur tous les visages se lisait la surexcitation de l'impatience.

Enfin la fanfare qui devait nous donner le signal se fit entendre; chaque cavalier saisit sa lance, enfonça solidement sa cape sur sa tête, donna de l'éperon, et s'élança au galop dans la plaine. On voyait une compagnie de sept sangliers détaler d'un bon pas, à quatre cents mètres environ du fourré d'où ils avaient débuché.

Dès qu'ils entendirent approcher le piétinement de nos chevaux, ils pressèrent leur course, et un gros sanglier se rabattit sur les derrières, labourant le terrain avec ses défenses de la façon la plus menaçante. Comme notre but était de les pousser dans la plaine pour les empêcher de retourner dans le jungle, nous avançâmes lentement, pendant le premier quart de mille, puis nous pressâmes le pas et nous courûmes rondement sur eux. Quand nous approchâmes, ils se séparèrent, et quelques-uns des jeunes gens de notre bande coururent sus à quatre laies qui filaient à gauche.

Bien que l'allure de nos chevaux commençât à devenir très-vive, nous paraissions gagner fort peu de terrain sur le sanglier qui, avec une couple de laies, détalait de la bonne façon. L'animal franchit le cours de la nullah, qui arrêta net plus d'un de nos cavaliers.

Lal Babba faisait parfaitement sa besogne, quoiqu'il fût devenu si animé par la course que j'avais quelque peine à le tenir en main. Nous franchîmes une crevasse de neuf pieds de large, difficile à sauter, attendu que le bord opposé était de deux pieds plus haut que l'autre. J'entendis derrière moi un éclat de rire d'O...; je tournai la tête, et je vis quatre ou cinq chasseurs de notre troupe rouler dans la poussière. L'un d'eux semblait hors de combat.

Nous poussâmes néanmoins en avant, le terrain devenant meilleur. Nous n'étions plus que quatorze. Nous fîmes un bon temps de galop, et l'une des laies étant restée en arrière fut tuée d'un coup de lance, après avoir chargé deux fois vaillamment ses agresseurs. N... eut l'honneur du premier sang de la journée.

La course commençait à devenir effrayante; et la seconde laie fut abattue par S..., O... et D..., qui durent jouer plusieurs fois de la lance avant d'en venir à bout.

Quant à moi, je m'attachais uniquement à la poursuite du sanglier, et j'avais déjà gagné de l'espace sur mes compagnons, quand mon cheval mit le pied sur un tronçon d'arbre détaché qui le fit rouler et m'envoya piquer une tête à cinq pas de lui. La chasse passa près de moi comme le vent. Après avoir constaté que j'étais encore de ce monde, je remontai en selle et me remis en route.

J'avais été de beaucoup distancé par l'effet de cette maudite chute, mais ma bonne chance voulut que le sanglier franchît un profond ravin ayant un peu plus de douze pieds de profondeur, devant lequel mes devanciers s'arrêtèrent court. Le sanglier y était descendu, et, après avoir couru une certaine distance le long du lit de la nullah, il escalada le bord opposé.

Je galopai quelques instants le long du bord de ce fossé, qui était rempli par places de buissons rabougris, et je trouvai un endroit un peu plus praticable que les autres, bien que la profondeur fût encore de huit pieds environ, et la pente très-escarpée. Nouvelle chance en ma faveur, pensai-je en descendant de cheval. J'enlevai la selle et nouai la bride. — Lal Babba m'aurait suivi comme un chien.—Je jetai la selle dans le lit de la nullah et je m'y laissai glisser moi-même.

J'appelai alors mon cheval par son nom, et il vint en trottant le long du bord, comme s'il eût cherché une place pour descendre. Il revint ensuite à cette partie de la rive où j'avais dégringolé, et il restait là, piétinant sur le bord avec hésitation. Je l'appelai de nouveau et je fis semblant de m'en aller le long du lit de la nullah. Je n'oublierai jamais l'attitude piteuse qu'il prit alors, les oreilles dressées, la tête inclinée et surveillant tous mes mouvements avec inquiétude. Il resta immobile un moment, comme s'il eût médité ce qu'il y avait à faire, puis il hennit fortement, sauta, et un instant après il frottait ses naseaux contre mon épaule.

Je le complimentai, tout en lui remettant la selle, et, à voir ses regards intelligents, on aurait pu penser qu'il me comprenait. Je marchai ensuite jusqu'à une certaine distance dans le lit de la nullah, et nous parvînmes à nous hisser sur l'autre bord, à un endroit moins escarpé.

Je cherchai alors des yeux ce qu'était devenu le sanglier; je le découvris s'en allant son petit bonhomme de chemin, tout à son aise, à un quart de mille plus loin dans la plaine, car il n'était plus poursuivi. Je me remis sur ses traces, après avoir mouillé mon mouchoir de poche dans une mare, afin de rafraîchir la bouche et les naseaux de Lal Babba, et après lui avoir fait boire une gorgée d'eau dans ma casquette de chasse. Je ne fus bientôt plus qu'à cinquante pas du sanglier qui donnait des signes non équivoques de détresse, chancelant dans sa marche comme s'il eût été ivre, la tête tendue en avant, les flancs haletants et couverts d'écume.

Je fus alors rejoint par N..., O..., S..., D..., C... et W..., dont les chevaux étaient presque épuisés, car ils avaient eu à descendre près d'un mille le long de la nullah, avant de pouvoir trouver un endroit pour la traverser.

Cependant nous gagnions à vue d'œil du terrain sur notre bête, quand tout à coup, avec un élan de vitesse imprévu, le sanglier se jeta sur la gauche et franchit un second ruisseau à une centaine de mètres en avant. Arrivé là, je ramassai mon cheval pour l'avoir mieux en main, en vue du saut qu'il avait à faire, et qu'il exécuta sans trop de peine.

N... et C... gagnèrent alors une couple de longueurs en avant. S... et T... étaient de front, suivis de près par O..., D... et W... Le sanglier franchit une nouvelle fente du terrain comme un oiseau; nous le suivîmes tous, à l'exception de W..., dont le cheval tomba en touchant terre, ce qui lui fit faire une lourde chute, et roula par-dessus lui.

Le terrain étant devenu plus ferme, la vitesse de ceux qui restaient devint réellement effrayante; c'était à qui aurait l'honneur du premier coup de lance. Mais soudain le sanglier disparut. « Qu'est-ce que cela? s'écria N... — Dieu le sait! » répondit quelqu'un derrière en enfonçant sa cape sur ses yeux. Et un instant après nous avions franchi de nouveau le bord escarpé d'un ravin, sur une profondeur perpendiculaire d'environ sept pieds, et nous nous débattions dans le sable et l'eau.

D... fit une mauvaise chute, son cheval lui passa sur le corps et le mit hors de combat; S... vit sa monture se donner une entorse et dut aussi se relever meurtri. N..., C..., O... et moi parvînmes à gravir la rive opposée, et nous nous retrouvâmes sur la terre ferme.

L'allure était des plus rudes et commençait à se faire sentir à tous; bien que Lal Babba parût moins épuisé que les autres chevaux, je savais qu'il ne pourrait plus résister longtemps. Nous courions de front. J'étais botte à botte avec N..., tandis que C... et O... nous serraient de près. Nous allions évidemment joindre le sanglier, quand il rencontra un autre gouffre béant dont il ne fit qu'une enjambée. « En avant quand même ! » cria N..., et tous deux nous étions déjà sur l'autre bord, en sûreté, après un bond de treize pieds au moins, tandis que le cheval d'O... tombait avec lui, et que celui de C..., se trouvant fourbu, l'obligea de s'arrêter. Nous les laissâmes en arrière.

La partie se jouait décidément entre N... et moi. Il montait un superbe cheval arabe, de haute taille, de noble race, appelé Bidgeley (l'Éclair), bien connu dans tout le Dekkan comme excellent pour la chasse au sanglier. Mon cheval était plus petit, mais j'avais épargné à Lal Babba la longue course le long des bords du ravin, en sorte qu'il n'avait pas eu à rattraper le temps perdu, tandis que Bidgeley s'en ressentait cruellement.

Nous étions alors sur une pièce de terre très-favorable à la course, et le sanglier n'était plus qu'à deux longueurs de lance en avant. L'allure était trop vive pour durer longtemps, et je pouvais voir qu'elle agissait sensiblement sur le cheval de N... Nous étions tête à tête, et c'était alors à qui porterait le premier coup.

N..., qui faisait tout son possible pour le soutenir, fit un vigoureux effort pour pousser son cheval, mais ce fut en vain. Solidement assis sur ma selle, je pris les devants et les conservai. Lal Babba suivait tous les tours et détours du sanglier comme un lévrier à la poursuite d'un lièvre. Le sanglier, qui paraissait à bout de forces, ralentissait le pas. Encore un instant, un coup d'éperon, une secousse à la bride, un dernier élan, et victoire ! le fer de ma lance s'enfonçait profondément dans les reins de l'animal.

Avec un grognement féroce, un roulement d'yeux terrible et un grincement de ses défenses, il se retourna brusquement et chargea. Je fis tourner Lal Babba sur les hanches, juste à temps pour éviter cette attaque furieuse. La bête passa près de moi comme un boulet, et attaqua N..., qui était à quelques pas seulement derrière, et qui reçut la charge à la pointe de sa lance. Je vis la hampe de bambou ployer comme un jonc, puis voler en éclats. Une seconde après, le cheval et l'homme roulaient dans la poussière.

En un clin d'œil, je fus côte à côte avec l'animal furieux, qui poussait des grognements de défi pour se préparer à une nouvelle charge ; je saisis le moment favorable, et lui plongeai le fer de ma lance derrière l'omoplate, ce qui lui fit perdre haleine. Il poussa un faible cri, tourna subitement sur lui-même, m'arracha la lance de la main, voulut s'élancer, s'affaissa et tomba mort, restant redoutable jusqu'à la fin.

Je descendis de cheval et lui enfonçai mon couteau de chasse dans le cou, pour faire écouler le sang. Je desserrai les sangles de ma selle, et je revins ensuite voir ce qui était arrivé à N...

Je le trouvai assis par terre, la face cachée dans les mains, désespéré de ce que son cheval se débattait dans l'agonie, à quelques pas de lui. Le sanglier, en chargeant, lui avait ouvert le ventre d'un coup de boutoir, et les entrailles, fortement entamées aussi, sortaient de la blessure. C'était un cas désespéré. Frappant alors N... sur l'épaule, je lui montrai d'un geste significatif un petit pistolet que je portais toujours chargé à ma ceinture en cas d'accident.

Il comprit, rejoignit son serviteur mourant, et lui tapa sur le cou. Le pauvre animal, malgré son agonie, reconnut son maître, car il se souleva de terre en partie et lui frotta ses naseaux contre l'épaule de la manière la plus affectueuse. N... le baisa au front, et passant sa main sur ses yeux se précipita dans le jungle en disant :

— Ne le faites pas languir.

Quand il eut le dos tourné, je plaçai la bouche de mon pistolet sur la tempe de l'animal et je lâchai la détente.

Un faible tressaillement du corps suivit la détonation, et Bidgeley n'était plus.

N... coupa quelques crins de sa crinière comme souvenir.

Je suspendis la selle et la bride de Bidgeley sur le dos de Lal Babba, et N... et moi nous reprimes lentement à pied le chemin de nos tentes.

Nous rencontrâmes bientôt O... et C... qui se reposaient sous un arbre, attendu que leurs chevaux étaient presque fourbus; mais bientôt nos grooms arrivèrent avec des montures fraîches. Après leur avoir indiqué où ils trouveraient le sanglier, nous montâmes à cheval et revînmes au camp, situé à une distance de huit milles. Le sanglier s'était fait chasser pendant sept milles au moins.

Le retour au camp fut très-pénible. La chaleur était accablante, et de temps en temps des tourbillons de poussière nous emplissaient les yeux et la bouche.

Quand nous fûmes en vue de notre campement, nous pûmes distinguer six bêtes noires suspendues à l'arbre de rendez-vous, et peu après le sanglier fut hissé à côté des autres. C'était une énorme bête, mesurant trente-huit pouces en hauteur à l'épaule, et ses défenses avaient près de neuf pouces de long.

Nous prîmes place devant un excellent déjeuner, et, le soir de ce même jour, nous retournâmes au cantonnement, les uns courbaturés, endoloris, ayant sur le crâne plus ou moins de bosses qui eussent fort embarrassé Gall ou Spurzheim; les autres avec des bandes de diachylon en emplâtre sur la figure; tous abîmés de fatigue et le visage brûlé par le soleil. Cependant, chacun était satisfait de la chasse, et les incidents de la journée fournirent ample matière à la conversation, quand nous nous trouvâmes réunis à la pension pour le dîner. N... lui-même se consola de la perte de son cheval en disant que Bidgeley était mort comme son maître désirait mourir aussi, sur le champ d'honneur, au moment d'une victoire.

II

MULKAPOOR.

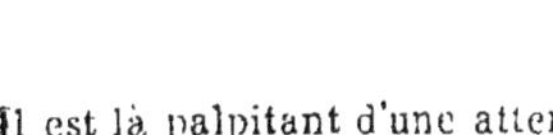

Il est là palpitant d'une attente fébrile,
Le tigre impatient, et pourtant immobile,
A l'affût, dans le jungle obscur, où ses yeux clairs
Font un horrible jour de leurs pâles éclairs.
Gare au buffle imprudent ! Il bondit, il le traîne
Beuglant, dans son repaire en la forêt prochaine;
Sur le poitrail vivant il s'accroupit vainqueur,
Et fracasse les os pour arriver au cœur ;
Il s'abreuve à longs traits du sang tiède, il s'allonge
Sur la chair frémissante, et s'en gorge et s'y plonge,
Jusqu'au moment qu'il tombe, épuisé de l'effort,
Repu près du cadavre, ivre-mort près du mort.

C'était un beau matin, peu après le lever du soleil, au mois de mars 18.., que j'arrivai au petit village de Mulkapoor, à deux jours de marche d'Haïderabad, dans le Dekkan. Je commandais un détachement de cavaliers irréguliers qui, avec deux compagnies d'infanterie indigène, formaient l'escorte de voyage d'une *begum* (dame noble) et de sa fille. Accompagnées d'une suite nombreuse de serviteurs et de domestiques, elles se rendaient à la présidence. La cavalcade se composait d'un grand nombre d'éléphants, de chameaux, de palanquins, de tonjons, de voitures de louage et de véhicules de toute espèce et de toute couleur, qu'entouraient en foule les gens de la begum, à cheval et revêtus de somptueux costumes.

Les principaux personnages occupaient le bungalow public, autour duquel on avait élevé de hautes murailles en toile et placé des sentinelles pour en défendre l'entrée et en faire un appartement entièrement secret; de nombreux eunuques noirs gardaient en outre ces précieuses ouailles, et semblaient prendre un soin jaloux pour

> Que nul autre que ceux qui veillent sur les femmes
> Ne profanât ces lieux de ses regards infâmes.

Les soldats et les domestiques à la suite du camp firent halte sur le terrain découvert, en face du bungalow des voyageurs : en peu d'instants, des tentes de toute nature s'élevèrent comme par magie ; les éléphants, les chameaux et les chevaux mangeaient tranquillement à leurs piquets, et, en moins de temps que je n'en mets à l'écrire, cette petite clairière, prise sur le jungle environnant, se trouva changée en un camp plein de bruit et de mouvement.

Le paysage autour de Mulkapoor est très-sauvage et très-beau. De tous côtés s'étendent des rangées de collines, les unes couvertes de bois luxuriants, les autres ne présentant que des escarpements de rochers élevés et des cimes fantastiques et nues, tandis que dans toutes les directions, du milieu de l'épais feuillage, de nobles arbres de haute futaie dominent comme des géants au-dessus des jungles plus bas qui ondulent à leurs pieds.

La scène du camp, bien que se reproduisant chaque jour dans les Indes, paraîtrait assez curieuse à un étranger et mérite une description : le bruit des éléphants qui trompetaient, le tintement des clochettes des chameaux, le hennissement des chevaux, le beuglement des bœufs attelés aux voitures, les discussions des cipayes et des domestiques du camp en marché avec les vendeurs du bazar, étaient encore augmentés par la chasse d'un chapon égaré, dont les courses vagabondes excitaient l'indignation de mon domestique *Cinq Minutes* (surnom que lui avait attiré l'invariable réponse qu'il faisait à tout ce qui était exigé de lui). Aidé d'une demi-douzaine de cipayes, il jetait ses pantoufles à cette victime, vouée à « une mort subite » pour notre déjeuner, et ils donnaient libre cours à leur mauvaise humeur, en injuriant toutes les poules de sa parenté, jusqu'à la dixième génération. Trois officiers anglais, appartenant au détachement d'infanterie, et un docteur écossais, qui était chargé du service médical de l'escorte, avaient cherché, sous un large tamarinier, un abri contre les rayons du soleil qui s'élevait déjà haut dans un ciel où aucun nuage ne venait tempérer son éclat; ils expédiaient des grogs, du thé et des cigares de Manille, en attendant que leurs tentes fussent convenablement établies.

Comme je me joignais à leur groupe, le vieux *patel,* ou chef du village, survint, et, après nous avoir fait les présents ordinaires, il adressa à chacun de nous une série de salutations profondes. Il releva ensuite ses deux mains à la fois en signe de respect, et nous pria de l'excuser de ce qu'il n'avait pas fait plus de préparatifs pour nous recevoir, en disant « qu'il n'avait reçu la nouvelle de notre arrivée que le jour précédent, et que, se voyant prévenu à si bref délai seulement, il était réduit au désespoir par la seule pensée que, peut-être, nous pourrions avoir besoin de quelque chose qu'il n'avait pas eu le temps de se procurer. »

Le vieillard nous ayant fourni des fèves et du fourrage en quantité pour nos chevaux, avec un beau mouton de table et des poulets gras pour nous-mêmes, nous nous déclarâmes satisfaits, ce qui fit rayonner son visage, et en caressant de la main sa longue barbe grise, il s'écria plusieurs fois avec complaisance :

— *Allah talah! Al-hamd' lillah!* (Dieu merci! Dieu soit loué!)

— J'aimerais beaucoup m'arrêter quelques jours ici, dit Mac, le plus ancien lieutenant, en s'adressant au capitaine W... qui commandait le détachement d'infanterie, car il doit y avoir de magnifiques chasses à faire dans ces ravins profonds.

—Oui, répondit W..., cela sent tout à fait le tigre, par ici; qu'en dites-vous, vieillard? N'avez-vous pas, ici, beaucoup de gibier? continua-t-il en s'adressant au patel.

— Oui, seigneur (*sahib*), répondit celui-ci, il y a beaucoup de gibier à chasser dans ces jungles : des tigres, des bisons, des ours, des panthères, des élans, des nilgauts, des antilopes et des cerfs mouchetés (axis) s'y trouvent en abondance, indépendamment de toute espèce de menu gibier; mais, si leurs seigneuries veulent être heureuses dans leurs chasses, elles devront prendre avec elles quelqu'un qui connaisse les repaires des animaux; c'est pourquoi, avec votre permission, je vais prendre congé de vous quant à présent et aller chercher Kistimah, l'homme de police (*peon*) et Veerepah, le blanchisseur (*dhoby*), qui sont de bons chasseurs tous deux, et seront utiles à vos honneurs.

Ce disant, il fit une profonde révérence, et se retira gracieusement.

Peu de temps après, le patel revint avec deux villageois, accompagnés de Chineah, mon premier chasseur, et du reste de ma troupe de chasse qui, à cette époque, s'élevait à peu près à une douzaine d'hommes.

Chineah avait acquis une célébrité réelle dans son genre, et mérite d'être décrit. Il était de moyenne taille, d'une couleur olive foncé, d'une complexion un peu mince, avec de petits yeux vifs très-séparés l'un de l'autre, une moustache clair-semée, et un prétexte de barbe, sous forme de quelques poils roides qui s'élançaient, comme les moustaches d'un chat, de l'extrémité de son menton, et qu'il arrachait et tortillait avec rage toutes les fois qu'il se trouvait excité.

Il portait une vieille jaquette de chasse verte, mise au rebut, un sale gilet brun, des guêtres en peau de cerf non tannée et des bottes d'ordonnance de soldat, qui étaient plus souvent suspendues à ses épaules que placées à ses pieds. Sa longue chevelure noire et grosse était roulée autour de sa tête, et couverte en partie d'un béguin fait d'une matière étrange à voir et dont il était complétement impossible de distinguer la nature et la qualité sous la graisse et l'ordure.

Autour du corps, il avait un large ceinturon de cuir, garni de nombreuses poches, contenant des munitions ;

une petite hache, faite par le célèbre Arnatchellum de Salem, un grand couteau de chasse et un sac de cuir (*chucmuck*), avec une pierre à fusil, un briquet et de l'amadou. Pour compléter la description, un télescope et une bouteille d'eau-de-vie lui pendaient à chaque épaule, et à la main il portait ma carabine favorite à deux coups et à balles de deux onces, un chef-d'œuvre de Westley Richards. A sa mine fière, comme celle d'un coq, et à ses airs crânes, on voyait qu'évidemment notre ami pensait de lui que ce n'était pas « de la petite bière, » et je dois avouer que, dans son genre, c'était un personnage inappréciable, sans égal pour suivre une trace, froid et ferme au moment du danger, merveilleusement dur à la fatigue, et le plus persévérant dépisteur de gros gibier, sans compter qu'il m'était entièrement dévoué. Son seul défaut était son amour du *rackee* (liqueur spiritueuse, faite avec la séve du palmier de Palmyre, du dattier ou du cocotier).

Le reste de la troupe, qui était presque nu, sauf le milieu du corps, avec des calottes de cuir et des sandales, portait mes autres fusils et de légères lances de bambou. Chacun d'eux avait une serpe recourbée, enfoncée dans la ceinture par derrière, dont ils se servaient avec une grande dextérité pour se frayer leur chemin à travers le jungle ; deux portaient au dos de grandes haches à l'usage des bûcherons américains, et un autre était chargé d'une bouteille en cuir (*mushak*) contenant de l'eau; les deux chasseurs du village avaient un costume semblable, et portaient l'un et l'autre un long fusil à mèche du pays sur l'épaule et un grand couteau à la ceinture.

— Eh bien, Chineah, dis-je, quelles nouvelles de chasse avez-vous trouvées?

— *Boht utcha kubber hy, sahib.* (Il y a d'excellentes nouvelles, monsieur.) Tous les gens disent que près de Botta-Singarum, un village à deux *coss* (quatre milles) d'ici, il y a un *burra bagh* (gros tigre) qui tue beaucoup d'hommes, monsieur. Kistimah, cet homme-ci, il dit, il a mangé une vieille femme hier. *Boht shitan hy, sahib* (c'est un grand diable, monsieur), car, quoique tous les chasseurs et les gens du village beaucoup, beaucoup guettent, ne peuvent jamais trouver; quand tous reviennent à la maison, tigre vient, tue un homme. *Wo burra chor hy, sahib* (c'est un grand voleur, monsieur). Ah! monsieur, ici très-bon pays de chasse; toutes bêtes en quantité; supposez, maître, s'arrêter ici quelques jours, beaucoup, beaucoup de coups de fusil. Ce blanchisseur (dhoby), très-bon chasseur, connaît tout le pays, a chassé beaucoup d'années dans ces bois; l'autre jour a tué un guépard, maintenant apporte à maître la peau, suppose quelque gentleman a besoin de tapis de voiture.

— Bien, cela fera l'affaire, dis-je; allez tous à la tente, et Yacoub-Khan, mon premier domestique, pourra vous donner à chacun un verre de rackee et un peu de tabac; après quoi, vous irez tous au village de Botta-Singarum, et vous y recueillerez tous les renseignements que vous pourrez à propos des repaires de ce tigre; promettez aux villageois beaucoup de présents (*backsheech*) s'ils vous aident, et je viendrai avec Kistimah, le peon, après que j'aurai déjeuné. Chineah, prenez soin qu'il ne soit tiré aucun coup sur un cerf ou un paon; ne vous arrêtez pas sur la route, car je ne serai pas longtemps après vous, et ayez l'œil aux empreintes laissées par les pattes du tigre. Eh bien, messieurs, continuai-je en m'adressant aux autres officiers, vous avez entendu les nouvelles, qui veut venir chercher le mangeur d'hommes avec moi? J'ai l'intention de partir immédiatement après déjeuner pour le village près duquel on dit qu'il rôde; arrivé là, les mesures que je prendrai dépendront des renseignements que je pourrai recevoir en cet endroit.

— Oh! nous irons tous, excepté le docteur, s'écria W..., et il prendra soin de notre camp, puisqu'il ne chasse pas, et qu'il a pris un engagement auquel, du moment qu'une dame y est en jeu, il ne saurait manquer sous aucun prétexte. Qu'en dites-vous, carabin, voulez-vous surveiller les approvisionnements pour le dîner, et arranger les affaires à propos de la danse ?

— Oui, oui, répondit le bon vieil Écossais, allez votre chemin, prenez garde à vous et tuez le tigre, et ne vous laissez pas tuer par lui ni les uns ni les autres, car, bien que les gens comme vous ne soient guère plus utiles au monde qu'une bande d'Irlandais sauvages, je ne désire point qu'aucun de vous soit écorché dans la bagarre.

III

LE REPAIRE DU MANGEUR D'HOMMES.

Pendant le déjeuner, nous discutâmes plusieurs manières de procéder relativement à ce tigre, sans nous arrêter à aucun plan en particulier.

Le repas fini, nous endossâmes nos costumes de chasse, nous montâmes à cheval, et nous partîmes pour Botta-Singarum, chacun de nous suivi d'un domestique portant un fusil, une carabine et un épieu. Chemin faisant, je demandai à Kistimah, mon guide, quelle était, à son avis, la meilleure marche à suivre.

Il me répondit qu'il ne savait guère quoi conseiller, car ce n'était pas un tigre ordinaire; autrement il eût été facile d'arranger les choses.

— Mais, ajouta-t-il, ce *mangeur d'hommes* est si rusé,

que personne ne peut être au fait de ses mouvements. Il est inutile d'attacher des bœufs dans les endroits qu'il fréquente, car il n'y touche pas. Je sais qu'il a souvent enlevé l'homme qui veillait sur le bétail, en épargnant le troupeau. On n'est jamais sûr de ses habitudes ; il est si fin qu'il ne se laisse voir presque jamais. Quand il venait d'enlever une victime, j'ai suivi souvent sa piste pendant des milles, et cependant son repaire n'a pas encore été découvert, et je crois qu'il ne passe jamais deux jours dans le même endroit.

On dit qu'il a tué plus de quarante personnes dans ces six derniers mois, et je sais notamment que seize courriers de la poste ont disparu dans ce même laps de temps. Je ne doute point qu'il ne les ait enlevés. Les courriers de la poste [1] ne veulent plus voyager seuls maintenant ; ils portent les sacs de dépêches par bandes de cinq à six, armés et munis de torches.

La crainte inspirée par cette bête est si grande qu'ils aiment mieux parfois passer par un chemin détourné que de courir la chance de la rencontrer. On serait heureux de la tuer, car on a offert de grandes récompenses pour sa peau. J'ai suivi sa piste des jours entiers, et une fois je l'ai aperçue tandis qu'elle buvait. Mais

[1] Dans les Indes, les lettres sont portées dans des sacs de cuir, sur les épaules d'hommes qui se relayent tous les cinq milles.

pendant que je tâchais de me dissimuler en approchant pour mieux viser, elle m'a éventé, et, d'un bond, a disparu dans les jungles. Je l'ai vue très-distinctement au moment où le soleil se couchait. Sa peau m'a semblé d'une autre couleur que celle des autres tigres. Sa robe est d'un jaune sale, et les raies sont peu apparentes.

— Eh bien, répondis-je à mon guide, la seule manière de s'assurer de la couleur de sa peau, c'est de l'en dépouiller, et voici ce que je me propose pour y parvenir : quand nous arriverons au village, j'ordonnerai au *tassildar* (chef de la police) d'assembler autant de batteurs qu'il pourra, pour être prêts demain à la première lueur de l'aube, et nous essayerons de débusquer le tigre. Aujourd'hui, nous suivrons sa trace, et nous visiterons quelques-uns des endroits où il a été vu en dernier lieu : peut-être aurons-nous la chance de le rencontrer.

— Fort bien, monsieur, votre plan est bon. Vous parlez comme un livre, et je n'ai rien de mieux à proposer. Néanmoins je ne puis croire encore au succès, car c'est un vieux diable bien malin. Mais, *inshallah* (s'il plait à Dieu !) je lui brûlerai les moustaches un jour ou l'autre. Quel est le fils de père maudit qui nous jetterait ainsi le déshonneur à la face?

A ce moment nous arrivions en vue du village, et

j'envoyai Kistimah prévenir le chef de notre arrivée.

Il vint à notre rencontre comme nous étions aux premières maisons. Nous descendîmes de cheval, et nous nous assîmes à l'ombre d'un large tamarinier, devant la station de police (*tannah*).

Après les compliments et les salutations d'usage, il entama le chapitre des grands ravages que le *mangeur d'hommes* avait faits dans tous les villages environnants, et il nous offrit de nous aider de tous ses moyens pour nous faire découvrir ses repaires et le détruire.

Je m'entendis avec lui pour les batteurs qui devaient être réunis des villages voisins, et je donnai l'ordre qu'ils fussent prêts avant le jour le lendemain matin.

Nous allâmes voir ensuite un puits situé à environ cent cinquante mètres du village, et près duquel une femme avait été enlevée par le tigre la veille même, tandis qu'elle tirait de l'eau le soir.

J'examinai la place attentivement, et, quoique les traces des griffes du tigre eussent été effacées près du puits par un troupeau de chèvres qui avait passé là, je distinguai près d'un tamarinier, à une petite distance, des marques parfaitement visibles, et même des aches de sang séché et quelques longs cheveux restés sur les racines de l'arbre.

Je remarquai aussi derrière un buisson un endroit où les herbes foulées indiquaient que la bête rusée s'était tenue longtemps à l'affût avant de saisir sa proie.

Je trouvai là Chineah, le dhoby et le reste de la troupe en consultation sérieuse, et j'arrivai assez à temps pour entendre la fin d'une longue kyrielle d'imprécations, de malédictions et de prédictions par lesquelles il semblait établi, de l'aveu de toutes les personnes présentes, que la parenté femelle de ce tigre n'avait été rien moins que chaste, et que, quant à lui, il était sûr de faire une mauvaise fin.

J'observai que les traces de sa retraite ne conduisaient point dans la même direction que celle d'où il était venu, et il semblait avoir fait deux ou trois fois le tour du village avant de rencontrer sa victime. Je suivis les marques de ses pas à travers un petit bois assez clair-semé de pommiers sauvages, jusqu'au lit de sable desséché d'un ruisseau où les voies étaient très-visibles ; et, bien qu'on n'y pût voir aucune rougeur je reconnus pourtant qu'il y avait porté sa victime, attendu que les empreintes de ses pattes de devant étaient plus profondément enfoncées dans le sable que celles de ses pattes de derrière, à cause du poids en surplus qu'il portait à la gueule.

Un peu plus loin, j'aperçus une large tache de sang desséché, autour de laquelle bourdonnaient des mouches, et, d'après les empreintes restées sur le sable, je reconnus que la bête avait déposé là le corps de sa victime pour un moment peut-être, afin de la reprendre mieux à sa guise après.

Tandis que je le montrais à W..., je remarquai des traces qui me firent croire que la pauvre femme n'était point tout à fait morte à ce moment-là, car il y avait à terre des traînées comme si elle s'y fût cramponnée convulsivement avec ses ongles.

Je suivis ses traces dans le lit de ce ruisseau pendant plus d'un mille, et nous arrivâmes à une mare. Les bords étaient couverts d'un épais fourré d'épines dont l'ombre ondoyait sur nos têtes. Là, les voies du tigre étaient en grande partie effacées par celles d'autres animaux sauvages, parmi lesquelles je remarquai les pas de deux ours, d'un guépard, de nombreux cerfs mouchetés, de sangliers et de moutons des jungles.

De l'autre côté de la mare, mon tigre avait dû déposer de nouveau le corps, pendant qu'il buvait, car il y avait des empreintes dans le sable autour desquelles des mouches bourdonnaient en grand nombre; et, quoiqu'on ne distinguât point de taches de sang, je reconnus que quelque chose devait les avoir attirées. En outre, il y avait deux pistes distinctes qui indiquaient qu'il avait été à l'eau, qu'il avait bu, qu'il était revenu ensuite vers le corps.

Nous continuâmes à suivre la voie le long de la

nullah, et, parfois, nous effarouchions des troupeaux d'axis et des compagnies de sangliers; nous vîmes même s'enfuir en trottant devant nous une vieille ourse et deux oursons de demi-grosseur; mais nous les laissâmes aller sans les inquiéter, car nous poursuivions un plus noble gibier.

Deux milles plus loin, nous arrivâmes à une place couverte de hautes herbes où le ruisseau se divisait en deux bras pendant environ quatre-vingts mètres, et les réunissait ensuite en formant une île encombrée de longues herbes sèches, de roseaux et de broussailles.

A cet endroit, la voie du *mangeur d'hommes* se croisait avec celle d'une tigresse et de ses deux petits, parvenus à moitié de leur croissance. Nous réussîmes encore à distinguer les empreintes du *mangeur d'hommes* à leur forme particulière, et nous continuâmes à les suivre pendant à peu près un demi-mille, où la voie quittait le ruisseau, et nous amena dans un jungle épineux à travers l'épaisseur duquel nous nous frayâmes un chemin en marchant à la file indienne; et, à mesure que nous avancions, j'aperçus çà et là de petits morceaux d'étoffe et de longs cheveux fixés aux épines d'un buisson, ce qui prouvait que le tigre avait apporté sa victime dans cette direction.

— Messieurs, dis-je à mes compagnons, comme la

piste commence à s'échauffer, veuillez avoir l'œil à vos fusils et être prêts à tout événement. W..., je voudrais que vous vous missiez en arrière afin d'empêcher les gens de s'écarter. Chineah, tenez-vous près de moi avec mon second fusil, et vous, Rungasawmy, coupez les branches en avant avec aussi peu de bruit que possible. Nous pouvons parfaitement le rencontrer sous ce couvert épais, endormi après son repas ; ainsi, regardez partout avec attention, et prenez soin de traverser les buissons dans le plus grand silence.

Nous étions sur une seule file. Je marchais en tête avec beaucoup de peine à travers le jungle épais, qui était devenu plus sombre sous le feuillage suspendu au-dessus de nos têtes.

Le profond silence qui régnait autour de nous était rompu de temps en temps par le craquement de quelque branche sous nos pieds, ou le sourd grognement de quelqu'un des gens de ma troupe quand une épine aiguë entrait dans son épaule nue. Parfois on entendait l'aboiement éloigné de l'élan ou le piétinement d'un troupeau de cerfs ou de sangliers qui avait flairé notre approche et s'enfuyait effarouché à travers les buissons ; parfois aussi un paon se levait avec un cri d'effroi.

Nous suivions toujours les traces parfaitement visibles du tigre, quand soudain j'entendis un bruit étrange. J'arrêtai la troupe et fis signe de se coucher immobile, car nous étions presque sur nos mains et nos genoux. Je posai l'oreille contre terre pour écouter. Nous entendîmes distinctement des craquements d'os rongés, avec des soupirs rauques et des grognements sourds. Je remarquai que les yeux de Chineah brillaient d'excitation comme il écoutait ces bruits de mauvais augure ; et la façon convulsive dont il arrachait les quelques poils qui ornaient l'extrémité de son menton me révélait ce qui se passait dans son esprit. Pas un mot ne fut échangé, bien que je visse les yeux de la troupe suivre mes mouvements.

J'examinai les cheminées de mon fusil pour voir si la poudre les garnissait bien, et, faisant signe de me suivre à Chineah qui portait mon fusil de rechange, et à Mac, qui se trouvait le plus près de moi, je recommandai aux autres de se tenir tranquilles jusqu'à ce qu'ils entendissent un coup de feu ; puis je me glissai en avant avec la plus grande précaution, en rampant sur mes mains et mes genoux, et en m'arrêtant de temps en temps pour reconnaître.

Nous nous frayâmes péniblement un chemin à travers le taillis pendant une centaine de pas. Le bruit des rongements d'os devenait plus distinct à mesure que nous avancions. Enfin nous débouchâmes dans une clairière entourée de jungles.

Je regardai avec précaution autour de moi, et je

4.

découvris que le bruit provenait de deux chacals qui mâchaient et arrachaient la chair de quelques ossements humains à moitié dépouillés. Ils nous éventèrent immédiatement et s'enfuirent en grognant sous le couvert. J'examinai avec soin la place pour m'assurer que l'objet de notre recherche n'y était pas, et je sifflai tout bas, ce qui fit arriver le reste de la troupe.

C'était bien là évidemment l'hécatombe du *mangeur d'hommes,* car je comptai, d'après les crânes et les restes des cadavres à demi dévorés, environ vingt-trois victimes des deux sexes, comme nous pûmes le voir à la chevelure, aux vêtements, aux bracelets brisés et aux ornements d'or et d'argent appartenant aux femmes indigènes.

Nous ramassâmes deux bracelets d'argent massif ayant appartenu à la dernière victime, dont les restes montraient des traces de tatouage qui furent reconnus par un des villageois présents. Nous trouvâmes aussi deux *teekas* en or (ornements de col qui indiquent la femme mariée) et un couteau que le dhoby nous assura avoir été la propriété d'un des coureurs de la poste qui avait disparu un mois auparavant.

Le méphitisme de cet ossuaire était insupportable, et nous fûmes heureux de le quitter pour respirer de nouveau un air salubre.

Je donnai l'ordre à la troupe de recueillir les restes,

mais de ne pas les enterrer avant qu'ils eussent été vus par les autorités du village, attendu que je pensais qu'ils pourraient être reconnus, et que les amis des victimes désireraient peut-être leur rendre lés derniers devoirs avec les cérémonies de leur caste.

— Quel épouvantable spectacle ! s'écria Mac. J'ai failli perdre connaissance, et me voilà dégoûté de toutes choses pendant une semaine au moins.

— Et moi, je suis presque suffoqué du mauvais air que j'ai respiré, dit W... — Venez ici, Chineah, et donnez-moi la gourde de votre maître, car j'ai besoin d'une gorgée pour me rafraîchir après tant de fatigues.

— Pauvre femme ! s'écria Jack à son tour. Voyez donc ! voici une longue mèche de sa chevelure qui s'est collée à ma botte. Je la conserverai comme souvenir.

— Quant à moi, dis-je, le seul souvenir que je me propose de conserver, c'est la tête du *mangeur d'hommes ;* et si ma main droite n'a pas oublié son adresse, si mes deux canons rayés ne me font point défaut, ce trophée ornera un jour ma demeure, car je jure de ne prendre aucun repos avant de l'avoir tué ou d'avoir été mangé par lui. Ma troupe de chasse couchera à Botta-Singarum cette nuit, pour être prête à la besogne dès l'aube de demain. Nous demanderons des volontaires dans le détachement ; les hommes les plus fermes d'entre eux prendront leurs fusils pour protéger la ligne des batteurs. Il sera toutefois bien entendu que personne ne tirera aucun autre gibier tant que notre but ne sera pas atteint; autrement toute chance de trouver le tigre disparaîtrait. Mais, une fois tué, on finira la journée par une battue générale, où toute proie sera de bonne prise.

A notre retour au village, le chef envoya dans tous les hameaux voisins pour rassembler des batteurs. La troupe de chasse s'établit pour la nuit dans un *choultry* ou caravansérail. Elle nous demanda quelques pièces de monnaie destinées à l'achat d'un mouton et de volailles dont elle voulait faire des sacrifices en l'honneur de certains *sawnies* (divinités hindoues) pour nous assurer une bonne chance le lendemain. Cela fait, nous retournâmes au camp.

Nous y arrivâmes avant le coucher du soleil, et chacun se retira quelques instants sous sa tente pour prendre un bain, que la fatigue de la journée rendait indispensable. Dans aucune partie du monde on ne goûte le plaisir du bain autant que dans les Indes. C'est la première chose que vous prenez à votre réveil; vous y revenez, fatigué après une chaude matinée ; vous vous y replongez avant de vous mettre à table pour dîner, et, pendant les grandes chaleurs, si vous désirez bien dormir, vous devrez vous baigner encore une fois avant de vous coucher. Croyez-en un vieux soldat, ami lecteur, il y a du bon dans l'hydrothérapie.

Rafraîchis et ranimés par nos ablutions, nous nous réunîmes pour le dîner. La cuisine, surveillée par le docteur, fut l'objet de l'approbation universelle. Après que le bruit de la vaisselle, des verres et des bouteilles se fut un peu calmé, on raconta au docteur les incidents de la journée, et ce récit mit le vieil Écossais dans un tel état de colère contre le tigre, qu'il s'écria en frappant du poing sur la table :

—Dieu me damne si je ne vais pas avec vous demain matin pour châtier, moi aussi, ce cannibale à quatre pattes!

IV

UNE BATTUE.

Le lendemain matin, nous étions tous réunis dans ma tente, une heure avant le lever du soleil, et nous prenions en toute hâte une collation. Nous comptions environ, tant cipayes que cavaliers, quatre-vingts soldats avec leurs fusils et leurs carabines, et à peu près deux fois ce nombre de villageois, bien pourvus de fusils à mèche, de tam-tams, de tambours, de choléra-horns, et autres mélodieux instruments de cette espèce. Nous montâmes à cheval, et, précédés de porteurs de torches, nous partîmes pour Botta-Singarum.

Comme nous approchions de la station de police, nous trouvâmes tous les chefs des villages environnants qui nous attendaient, chacun suivi de plusieurs de ses gens armés de fusils à mèche, d'épées, de lances, de bâtons. Quand nous arrivâmes vers l'entrée, la foule des villageois qui environnaient le bâtiment nous ouvrit un passage, et je me mis à leur expliquer les arrangements à prendre pour la battue. Ils devaient former un vaste demi-cercle de quatre milles de diamètre, ayant pour base la rivière qui était large et profonde, et le long de laquelle, sur l'autre rive, j'avais donné l'ordre de placer une ligne d'hommes armés de fusils, pour surveiller et être prêts à résister au tigre, s'il essayait de traverser à la nage. Le ruisseau (nullah) et le repaire que nous avions visités la veille étaient compris dans cette circonférence. Je répartis les cipayes armés et les autorités des villages parmi les batteurs, pour veiller à ce que la ligne fût convenablement maintenue, et j'envoyai les autres officiers, à l'exception du docteur, qui préféra rester avec moi, à différents endroits où je pensais qu'ils auraient une bonne chance pour tirer quand le tigre paraîtrait.

Un homme de ma troupe de chasse accompagnait chacun d'eux ; le reste, avec la plupart de mes *sowars* (soldats de la cavalerie irrégulière), demeura près de moi, et je choisis mon poste dans cette partie de la ligne qui devait traverser la nullah et le repaire.

Comme il était presque impossible de battre cette partie de la forêt à cause de l'épais taillis, j'avais muni mes soldats de deux cents fusées pour chasser le gibier dans le jungle plus découvert.

Une heure plus tard, je recevais l'avis que la ligne était formée. Comme il faisait déjà grand jour, je donnai le signal de marcher par une fanfare de choléra-horns, à laquelle répondirent immédiatement les tam-tams, les trompettes et les tambours. Cette musique discordante était dominée par les hurlements et les cris orcenés des batteurs.

Le docteur, qui se tenait près de moi, était armé d'une lourde carabine à un coup, à balles de quatre onces, qu'il avait prise à un de mes chasseurs. A chaque pas qu'il faisait, il criait du haut de sa tête de la façon la plus formidable, quelque chose qui me paraissait un très-ancien cri de guerre gaulois, jusqu'à ce qu'il en perdît haleine. Sa route était parfaitement indiquée par des fragments de sa vieille redingote bleue de régiment, qui pendaient aux épines des buissons sur son passage.

Tandis que nous avancions, des craquements soudains, qui se faisaient entendre à chaque instant dans le jungle, nous apprenaient que le gibier était nombreux. Tantôt un troupeau de cerfs ou une compagnie de sangliers apparaissait un moment à travers le fourré; tantôt une volée de paons passait sur nos têtes; tantôt une bande de singes venait jacasser dans les arbres au-dessus de nous, en criant et en nous faisant des grimaces.

Tout à coup on entendit le long de la ligne les cris de : « *Reech, reech! yellago bunte!* » (un ours, un ours!) et, presque immédiatement après, une ourse énorme, accompagnée de ses deux oursons, longe en courant la ligne des batteurs qui étaient en face de nous.

Le docteur poussa un hurlement féroce, et, incapable de maîtriser son ardeur, il déchargea son arme sur un des oursons qui passait à six pas de lui. Le recul de son fusil, auquel il ne s'attendait pas, le jeta sur le dos, les jambes en l'air. La mère, furieuse, se précipita sur lui en renversant un batteur sur sa route, et, un moment plus tard, elle lui aurait fait une cruelle morsure, si je ne l'avais abattue roide morte d'une balle derrière l'épaule, comme elle était en pleine course vers son ennemi tombé. Le docteur se releva, et, bien que meurtri de sa chute, il s'élança frénétiquement pour s'assurer de sa proie qui luttait dans l'agonie de la mort. L'autre ourson fut pris vivant par un des batteurs.

Je rechargeai ma carabine, et je pris le docteur à partie pour avoir tiré sur un autre gibier que le tigre; mais il était inutile de lui parler; il considérait, évidemment, qu'il avait accompli un grand exploit, et, bien que des larmes coulassent sur sa bonne vieille figure, quand il me serra la main et me remercia à plusieurs reprises de mon heureux coup, il se croyait néanmoins un héros et criait de toutes ses forces pour que les autres l'entendissent :

— J'ai tué un ours! j'ai tué un ours! Jack, mon garçon, entendez-vous? j'ai tué un ours!

J'eus beaucoup de peine à lui persuader d'abandonner son trophée aux soins d'un batteur, et Chineah ayant rechargé son arme, la ligne se remit en mouvement.

Le vieux docteur s'en allait enchanté comme un enfant, et parmi une série de grognements qui attestaient chez lui une satisfaction profonde, je l'entendis parler de conserver le squelette, de tanner la peau pour en faire un manchon, et de faire fondre la graisse pour l'envoyer à une vieille sœur à lui, etc., quoique l'animal sauvage qu'il avait tué ne fût guère plus gros qu'un cochon de lait. Il marchait parfaitement heureux, comme s'il eût fait son œuvre.

En ce moment, nous entendîmes plusieurs coups de feu successifs sur la droite, où je savais que W... était posté, et bientôt un batteur vint en courant nous annoncer que trois tigres étaient sur pied, que W... en avait blessé un, lequel s'était réfugié dans les hautes herbes que nous avions traversées la veille.

J'ordonnai à la ligne de s'arrêter, et, prenant avec moi trois soldats chargés de fusées pour débusquer au besoin les tigres, j'allai rejoindre W..., qui venait de recharger ses armes quand j'arrivai.

Il me dit qu'il avait vu trois tigres et qu'il en avait blessé un, après avoir tiré cinq coups de fusil sur eux, tandis qu'ils bondissaient à travers les grandes herbes et les broussailles.

J'examinai les traces, et je trouvai que c'étaient les mêmes que celles qui avaient croisé la piste du *man geur d'hommes* le jour précédent, et que j'avais supposées appartenir à une tigresse et à ses deux petits. Plusieurs des batteurs avaient vu le tigre blessé se traîner après les autres, et ils avaient remarqué qu'il s'était réfugié dans la petite île formée par les deux bras de la nullah.

C'était une espèce de digue, élevée de trois pieds au-dessus du lit du cours d'eau, et d'environ quatre-vingts mètres de long sur trente de large. Elle était couverte d'herbes et de roseaux de cinq pieds de hauteur, et tapissée à tel point de buissons bas et de taillis enchevêtrés, qu'il eût été impossible aux batteurs de s'y frayer un passage.

Je plaçai W..., le docteur et quelques hommes de ma troupe, de façon à dominer la vue de tous les côtés, et, quand tout fut prêt, mon domestique Chineah mit le feu aux grandes herbes sèches, qui s'enflammèrent en un clin d'œil en crépitant.

Je pris mon poste près d'une ouverture qui existait dans les buissons, et où le gazon portait des empreintes toutes récentes; c'était probablement par là que les tigres devaient sortir.

Tout s'annonçait donc bien, et nous attendions avec impatience leur apparition ; mais le feu avait déjà consumé la moitié de l'espace sans qu'ils donnassent encore le moindre signe de leur présence. L'incendie grondait et petillait comme un feu de file de mousqueterie; des tourbillons de fumée noire et épaisse s'élevaient vers le ciel, et je commençais à craindre que les batteurs ne se fussent trompés en supposant que les tigres s'étaient réfugiés dans le couvert, quand soudain l'air retentit d'un effroyable rugissement. Au même instant, une magnifique tigresse et un tigre de moyenne taille bondirent dans le lit sablonneux de la nullah, d'un endroit tout proche de celui que la flamme venait d'envahir.

J'entendis une décharge simultanée d'une demi-douzaine de fusils, et, à travers la fumée, je pus apercevoir la bête prendre un second élan, qui fut suivi d'un cri perçant. Je compris qu'il venait d'arriver un malheur; je me précipitai de ce côté, et je vis le palefrenier de W... étendu sans mouvement. La tigresse, qui paraissait blessée, était à demi couchée sur sa victime; elle tourna la tête tandis que j'approchais, et se rasa comme pour faire un bond. Je soulevai ma carabine lentement, craignant de blesser le pauvre garçon, et je lâchai la détente. La balle alla fracasser la cervelle d la tigresse, qui retomba morte sur le côté, en rendan des flots de sang par la gueule et par le nez.

Le pauvre palefrenier n'était pas tout à fait mort, mais il n'en valait guère mieux; tout le derrière de sa tête avait été emporté par un coup de patte de la tigresse, jusqu'au-dessous de la nuque, comme avec un râteau de fer; ses mains battaient la terre par un mouvement fébrile, deux ou trois frémissements parcoururent tout son corps, et tout fut fini pour lui.

Je donnai ordre à deux coolies d'emporter le corps au village pour l'enterrement.

Un des chasseurs avait tué le jeune tigre d'un coup de son fusil à mèche, et les restes de l'autre furent trouvés brûlés en partie par le feu. W... l'avait blessé si grièvement dans le train de derrière, qu'il lui avait été impossible de reculer à l'approche de l'incendie. La tigresse était restée tapie dans les herbes avec son petit, jusqu'à ce que la flamme l'atteignît elle-même, car je remarquai que son pelage était roussi par places.

W... était très-affecté de la perte de son palefrenier, qui était à son service depuis de longues années, et s'était toujours montré un fidèle serviteur. Toutefois, comme le malheur était sans remède, nous reprîmes nos positions en ligne et la battue continua.

En approchant du repaire que nous avions découvert la veille, nous y déchargeâmes plusieurs fusées. Un beau nilgaut mâle avec deux femelles chargea courageusement la ligne des batteurs. Mac lui brisa l'épaule d'un coup bien dirigé qui l'arrêta net dans sa course folle, et, s'avançant sur lui, il l'acheva de son second coup. C'était un très-bel échantillon de l'espèce, avec une longue crinière flottante. Les deux femelles percèrent la ligne des batteurs et s'échappèrent, bien que l'une d'elles parût grièvement blessée par une décharge des batteurs. Un jeune guépard fut tué par le dhoby tandis qu'il essayait de se glisser à travers les buissons.

Nous avions chassé le gibier dans une large étendue de jungles courant le long de la rivière et sur un côté de laquelle se trouvait un espace de terrain suffisamment découvert; nous nous y postâmes derrière des arbres et des rochers, dans les endroits les plus favorables pour attendre les bêtes au débucher. J'établis une seconde ligne d'hommes armés de fusils à pierre et à mèche, car je présumais qu'une énorme quantité d'animaux avaient été refoulés dans le fourré, et que quelques-uns pourraient échapper à notre premier rang de tireurs.

Cela fait, je donnai le signal, et les batteurs commencèrent à rabattre le gibier vers nous. Des troupes de sangliers, d'élans et de cerfs mouchetés s'élancèrent plusieurs fois jusqu'au bord des jungles, mais ils se rejetaient en arrière, comme s'ils redoutaient quelque danger dans le terrain découvert et craignaient de le traverser.

Enfin, un ours plus hardi leur montra le chemin dans la plaine, mais il fut abattu par Mac d'une seule balle. Peu après, un troupeau d'élans et une compagnie de sangliers s'élancèrent. Un beau mâle, deux femelles et une laie furent atteints.

Deux guépards vinrent ensuite en bondissant, suivis d'un nouvel ours. Un des premiers tomba sous la balle du fusil à mèche de Kistimah; l'autre, grièvement blessé par un de mes soldats, fut achevé par les hommes de la seconde ligne. L'ours fut tué par Jack, après avoir chargé à plusieurs reprises dans la douleur d'une première blessure, et avoir blessé légèrement de ses griffes un des coolies. Un guépard survint qui s'élança et traversa nos deux lignes sans avoir été touché, bien que plusieurs coups eussent été tirés sur lui.

Pendant ce temps on entendait les batteurs se rapprocher de plus en plus, et je pensais que le gros gibier devait avoir été chassé de l'étendue des fourrés ainsi entourée par nos lignes, quand tout à coup le cri de *Bagh! bagh!* (un tigre! un tigre!) fut poussé par un de mes soldats, et presque aussitôt je vis un superbe tigre de haute taille se glisser tranquillement par une petite trouée du jungle.

Il était très-près de moi, mais je craignais de tirer, parce que je voyais un groupe de mes gens de l'autre côté, dans la direction du coup de feu. Je le laissai s'avancer encore un peu; je levai alors ma carabine en le visant derrière l'épaule, et je lâchai la détente au moment où il avançait une patte de devant pour marcher.

Quand la fumée se fut un peu dissipée, j'eus le plaisir de le voir étendu sans vie sur le flanc. Ma balle ayant traversé le cœur, la mort avait été instantanée. C'était un grand tigre mâle, dont la peau magnifiquement marquée mesurait onze pieds quatre pouces du bout du nez à l'extrémité de la queue.

Je tirai un autre coup sur un cerf moucheté mâle que je blessai dans le train de derrière, ce qui le paralysa, et que W... acheva pour moi.

Les batteurs se montrèrent alors; ils avaient tué quatre cerfs, trois sangliers et un ours, et ils rapportèrent que deux autres tigres, quelques nilgauts et plusieurs troupeaux de cerfs et de sangliers avaient percé leur ligne.

Un des batteurs avait été gravement blessé à la cuisse par un énorme sanglier qui l'avait renversé. Les chairs de la cuisse étaient coupées aussi net qu'avec un scalpel.

Le docteur les banda aussi bien que possible; on forma une litière avec des branches d'arbre, et le blessé fut porté au village par des coolies. Bien qu'il souffrît beaucoup, il garda tout son courage et sembla tout à fait consolé quand on lui montra le cadavre de son adversaire.

Nous nous arrêtâmes au bord de la rivière, où nous nous baignâmes pendant que les batteurs ramassaient le gibier dont voici la liste : deux grands tigres et deux petits; trois grands guépards et un petit; trois grands ours et deux petits, dont un pris vivant; cinq élans, quatre cerfs mouchetés, quatre sangliers, quatre marcassins pris vivants, un porc-épic et un nilgaut, en tout trente-deux têtes.

Mes chasseurs coupèrent de fortes perches qui, enfoncées dans les tendons du dos des animaux, permirent aux coolies d'emporter tout ce gibier. On peut juger de son poids total. Plus de deux cents robustes coolies étaient employés à le porter; ils n'avançaient que lentement, et ils durent se reposer souvent, bien qu'ils fussent à diverses reprises relevés par leurs camarades.

Ma troupe de chasse marchait en tête avec des serpes et des haches pour couper les branches et permettre aux coolies de passer avec leur charge.

Comme nous approchions du village de Botta-Singarum, les choléra-horns, les tam-tams et les tambours se mirent à faire leur vacarme triomphal auquel s'unirent les cris des batteurs, des porteurs, des coolies, des serviteurs, des cipayes et des villageois. Il est impossible d'entendre quelque chose de plus assourdissant.

Quand nous arrivâmes près de notre camp, le cortége se reforma ; mes chasseurs et les cipayes se mirent à danser devant les tigres, en avant desquels ils portaient nos fusils décorés de fleurs, en chantant une chanson improvisée dont le refrain était à peu près ceci :

« Ces hauts faits, ces vaillants exploits ont été accomplis aujourd'hui. Quatre tigres de pères brûlés ayant mordu la poussière, et les braves et généreux seigneurs étant satisfaits de la chasse de ce jour, beaucoup de récompenses seront naturellement accordées par eux à leurs serviteurs dévoués dont la bouche se mouille et l'estomac palpite à la pensée des moutons que leur distribuera certainement la générosité bien connue des nobles seigneurs. »

Le gibier fut étendu sur le terrain découvert qui était en face du bungalow, et la cérémonie de l'ouverture des corps fut commencée par le plus vieux chasseur présent. Il brûla les moustaches des tigres en psalmodiant un chant monotone dans lequel il insultait toute la race de cet animal, et il finit par leur cracher au museau et à la patte droite.

La begum, qui surveillait la cérémonie avec un vif intérêt, de l'intérieur du bungalow, envoya un de ses serviteurs me présenter mille salutations et me demander de lui faire remettre, comme médicament souverain, le cœur et le foie d'un tigre avec un peu de son sang, ce que je fis à sa grande satisfaction.

Le gibier se trouvant alors complétement dépecé, j'envoyai un beau cuissot de venaison à nos tentes.

Une jeune biche qui, n'ayant été que blessée, avait été convenablement saignée (*hollolled*) [1] par un musulman, fut offerte à la begum.

Le reste fut partagé entre les cavaliers, les cipayes, les batteurs et les valets de camp.

Nous fîmes en outre une collecte qui fut distribuée à titre de gratification (*backsheech*), et chacun de nos gens s'en retourna satisfait du résultat de la journée.

[1] Égorgée suivant les rites musulmans. L'opérateur, en coupant la gorge, murmure un texte du Coran, pour demander la bénédiction de la nourriture.

V

MA TROUPE DE CHASSE.

Comme j'étais occupé à surveiller la préparation des peaux que mes gens tendaient sur la terre au moyen de chevilles et frottaient avec de l'huile de noix de coco et du safran pour les conserver, le noir aide de camp de la begum survint, et, avec mille compliments de la part de sa maîtresse, il m'annonça qu'elle serait trop heureuse si nous voulions lui faire l'honneur d'assister à une danse le soir.

J'acceptai l'invitation pour tous en lui ordonnant de dire à sa seigneurie « que sa bonté avait fait une impression profonde et durable sur nos cœurs et qu'avant que le canon du soir retentît dans le camp, nos ombres traverseraient son seuil hospitalier, » puis j'allai rejoindre les autres officiers qui fumaient assis devant ma tente et discutaient les chasses de la journée.

—Pensez-vous, Henry, me demanda W..., que le tigre que vous avez tué aujourd'hui soit le *mangeur d'hommes* qui a commis dernièrement tant de ravages dans la contrée ?

—Non, répondis-je, Kitismah m'assure le contraire, et je n'ai aucune raison pour mettre en doute son assertion, attendu que les tigres sont assez communs dans cette partie du pays. J'essayerai cependant encore de le trouver, car je viens d'apprendre que nous serons retenus ici un jour ou deux de plus, vu que la begum attend quelqu'un d'Haïderabad. J'ai envoyé à sa recherche la meilleure partie de ma troupe. Si Googooloo et Naga ne peuvent découvrir son repaire, je ne crois pas qu'il y ait d'ici au cap Comorin un seul homme qui soit capable de le faire.

— Je vous crois sans peine, répliqua W..., il n'existe pas dans le pays une pareille troupe de chasse, et Googooloo est aussi sûr qu'un limier ; je l'ai vu dépister un ours sur un terrain rocailleux où je ne pouvais distinguer aucune empreinte. Ce doit être chez lui un instinct inné.

—Oui, dit Jack, c'est un gaillard merveilleux ; mais ce qui m'étonne le plus, c'est la façon extraordinaire dont il surveille l'œil de son maître, comme s'il y pouvait lire ce qui est exigé de lui. Et quand il parle, je ne puis comprendre qu'un mot ou deux, par-ci par-là, quoique je connaisse assez bien les différents dialectes du pays.

—Il faudra que vous nous racontiez l'histoire de la troupe après dîner, Henry, dit W..., car nous n'avons pas le temps maintenant, le clairon vient de sonner son premier appel.

Nous nous levâmes et revînmes à nos tentes, où nous prîmes un bain rafraîchissant après lequel nous nous retrouvâmes à table. Nous étions en grand appétit après les fatigues de la journée, et *Cinq-Minutes,* dont la couleur ordinaire était un noir brillant, prit une teinte verdâtre quand il rougit des louanges que sa cuisine avait provoquées.

Au dessert, quand circulèrent les cigares et les grogs, W... réclama de nouveau l'histoire de la troupe.

—Oui, oui, crièrent tous les autres en chœur.

—Très-bien, messieurs, répondis-je en tirant une longue bouffée de mon *hookah*, je commencerai par Chineah, mon premier chasseur. C'est le fils de mon vieux batelier, et il a été à mon service depuis son enfance, où je l'employais à porter ma poudre et mon plomb et à me servir de batteur quand j'allais chasser la bécassine. Je le trouvai très-habile à découvrir les oiseaux, et il semblait prendre un si vif plaisir à venir avec moi, que j'ai fait son éducation dans ce but en lui apprenant à nettoyer et à soigner mes armes, ce qu'il fait maintenant dans la perfection. Voilà sept ans de cela et je ne saurais plus, à présent, me passer de lui. Il est dévoué à mes intérêts, très-froid et ferme au moment du danger; c'est un chasseur consommé pour signaler le gibier, et jamais il n'est plus heureux que quand il se trouve dans l'épaisseur des jungles. Son seul défaut est d'aimer un peu trop parfois les spiritueux, et d'avoir un assortiment trop considérable en fait de beau sexe, ce qui amène des disputes et des batailles sans fin à propos de lui dans le quartier des domestiques.

—Oui, dit W..., je le connais depuis longtemps; mais parlez-nous de Googooloo, et apprenez-nous où vous l'avez trouvé.

—L'histoire de Googooloo est étrange, répondis-je, et je l'ai rencontré d'une façon bien extraordinaire. Vous pourrez peut-être tous, vous rappeler le pauvre vieux M... du ...e, le meilleur cœur, le plus adroit tireur et le chasseur le plus calme qui ait jamais pressé la détente d'un fusil, et qui a fait une si triste fin... Nous étions grands camarades et toujours nous courions les jungles ensemble; c'est à son enseignement que je dois attribuer mes connaissances en fait de la vie des forêts, car, bien que je fusse déjà passionné pour la chasse, je vous avouerai que je n'étais qu'un novice quand il se chargea de mon éducation. Nous étions partis ensemble dans les bois de Chettagunta, il y a environ cinq ans, au moment de la plus forte chaleur, et nous nous étions fatigués depuis trois jours sans grand succès. Il n'était pas possible de suivre le gibier à la piste à cause de la sécheresse; les feuilles et les branches craquaient sous nos pieds si fort que les animaux s'en effarouchaient et partaient avant que nous ne fussions à portée.

Nous nous attendions chaque jour à voir éclater la mousson; nous nous enfonçâmes néanmoins dans l'épaisseur de la forêt, où nous avions l'intention de passer la nuit à l'affût, près d'une mare non loin de laquelle, disait-on, un tigre s'embusquait pour y saisir les bisons qui venaient y boire. Nous étions arrivés à une magnifique clairière au centre de laquelle, sur une butte, s'élevait un superbe figuier des Indes. Des bouquets de gros arbres étaient parsemés alentour, ce qui donnait à ce lieu beaucoup de ressemblance avec le parc d'un gentleman en Angleterre. Dans un marais à moitié desséché, des plantes orchidées de toute couleur composaient un parterre que Chiswick lui-même aurait eu peine à égaler. Je n'ai jamais vu de végétation aussi luxuriante, et cela au milieu d'un jungle obscur et presque impénétrable, et à une distance de vingt milles au moins de toute habitation. Tandis que nous admirions la beauté de ce tableau, le ciel s'était obscurci, et nous entendîmes le tonnerre gronder sur les collines éloignées. Bientôt de larges gouttes de pluie nous annoncèrent que l'orage approchait. Je donnai l'ordre à mes gens de dresser notre petite tente de campagne, pour abriter nos fusils et nos munitions, et nous cherchâmes un abri sous le figuier.

M... s'était couché sur un tapis où il fumait tout près du tronc principal de l'arbre, quand tout à coup nous crûmes entendre un frôlement au-dessus de nos têtes, à dix pieds du sol, juste à l'endroit d'où partaient les branches et les pousses secondaires, et presque aussitôt après une espèce d'éternument retentit à la même place.

Nous nous levâmes d'un bond et saisîmes nos fusils, mais nous ne pûmes rien découvrir, parce que toute la bifurcation de l'arbre était couverte d'une masse de plantes parasites.

—Attention, Henry ! me cria M...; il y a quelque bête dans cet arbre ; probablement un léopard à l'affût du cerf.

Nous fîmes le tour de l'arbre avec précaution, en essayant de découvrir où l'animal se tenait caché. Nous ne vîmes rien. Je montai sur une des nombreuses branches projetées par la souche mère, et je regardai avec soin parmi les touffes de végétation qui recouvraient la fourche de l'arbre, mais ce fut en vain. Je grimpai alors sur les épaules d'un vigoureux coolie, tandis que deux hommes me soutenaient par les jambes, et, la carabine en main, je les fis s'avancer jusqu'au pied de l'arbre. M... se tenait à côté de moi, prêt à me couvrir avec son feu. Ce fut encore inutilement. Alors j'ordonnai à l'un des coolies de me donner quelques pierres; je les jetai dans les parties les plus épaisses des plantes grimpantes amoncelées sur l'arbre, et j'entendis aussitôt distinctement un sourd grognement. J'invitai les coolies à s'avancer vers l'endroit d'où paraissait provenir le bruit, et, après un examen attentif, je crus voir une paire d'yeux brillants étinceler, et quelque chose de noir assez semblable à la fourrure d'un ours. Je levai mon arme et couvris l'objet, mais je ne tirai pas, car je craignais de blesser seulement la bête.

M..., qui vit le mouvement que j'avais fait avec mon fusil, me demanda ce que je voyais. Je lui dis que je pensais qu'un ours était caché dans l'arbre, car je distinguais parfaitement de longs poils noirs.

—Un ours! dit M...; c'est possible, car ces messieurs montent souvent sur les arbres pour y chercher du miel. Cependant je crois que c'est bien plutôt un singe noir, à moins que ce ne soit une panthère noire. Tirez dessus.

Avec un tout autre homme que M..., j'aurais hésité à faire feu, à cause de la position embarrassante où je me trouvais, planté sur les épaules de coolies, qui se sauveraient à toutes jambes à la première apparence de danger ; mais avec M... je me sentais en sûreté, connaissant son sang-froid et la justesse de son tir.

Je levai de nouveau ma carabine à l'épaule et j'étais sur le point de presser la détente, quand je réfléchis que si ce n'était qu'un ours, il ne pourrait sauter sur moi, et que je pourrais tirer avec beaucoup plus d'effet de l'arbre lui-même.

Je me hissai sur les premières branches, et dès que j'eus le pied assuré, je levai ma carabine pour tirer.

Je l'abaissai encore une fois en pensant que je ne pourrais que blesser légèrement la bête de cette manière, et je donnai avec l'extrémité du canon de mon fusil un coup dans la masse noire des poils pour l'obliger à se lever.

Jugez de mon étonnement quand je distinguai alors la partie supérieure d'une tête à peu près humaine et une paire d'yeux flamboyants. Je suspendis ma carabine à une branche rompue et tirai vivement mon couteau de chasse. Ainsi armé, j'empoignai par les cheveux l'animal supposé, qui se mit à gémir et à se débattre, et à me menacer de ses énormes griffes. Ce ne fut qu'à l'aide de coups répétés avec le manche de mon couteau que je pus l'empêcher de m'arracher les chairs de la main. En ce moment je n'étais pas bien sûr de n'avoir pas saisi par les poils une espèce quelconque de chimpanzé ou d'orang-outang; aussi criai-je vigoureusement à l'aide. Les chasseurs et les coolies eurent bientôt grimpé sur le banian, et alors nous tirâmes d'un trou creusé dans le tronc de l'arbre deux créatures humaines des plus extraordinaires : l'une était vieille et ridée, l'autre tout enfant, et toutes deux du sexe féminin. De quelle espèce se rapprochaient-elles le plus? De l'homme ou du singe? C'est ce dont on pouvait douter. Elles étaient d'une couleur olive foncée, et la plus grande n'avait certainement pas quatre pieds de haut. Ce n'était rien moins qu'une beauté sans le moindre appareil en fait de vêtement, sauf une tige de plante grimpante pour rattacher ses cheveux par derrière. Les yeux étaient singulièrement petits et très-perçants. Elle les tenait presque toujours fermés, et ne jetait de temps en temps qu'un coup d'œil rapide, à la manière des singes épouvantés. Elle geignait lamentablement, et je vis des larmes rouler sur ses joues ridées quand nos gens l'attachèrent par la jambe à la racine de l'arbre, pour l'empêcher de s'échapper. L'enfant se cramponnait étroitement à sa mère, en se tenant la face cachée dans son sein. Je lui passai autour de la cheville une chaîne, que j'attachai pareillement à une racine. Nous les examinâmes longtemps avant d'être bien sûrs qu'elles appartinssent à notre race. Jamais je n'avais vu d'êtres aussi étranges. Le nez était presque plat, la bouche énorme et garnie de larges dents jaunes. Les bras étaient longs, maigres et velus; et, quant aux ongles, ils ressemblaient aux serres du vautour.

M... disait que l'existence de ces êtres sauvages de la forêt avait été souvent mise en question, mais il avait plusieurs fois remarqué leurs traces dans les épaisses forêts situées au sud des monts Nilgherri.

Cependant on avait dressé notre tente et allumé un grand feu, près duquel nous nous assîmes pour prendre notre repas. Je donnai des ignames à l'enfant, qui, après quelque hésitation, se décida à les manger, opération dans laquelle elle fut aidée par la mère. Je leur donnai aussi quelques pommes de terre crues, que toutes deux dévorèrent avec avidité, tout en surveillant avec terreur chacun de nos mouvements. Enfin je leur fis donner quelques morceaux de viande et un peu de riz bouilli, qu'elles parurent apprécier beaucoup, au moins comme nouveauté. Quand nous fûmes au café, je leur donnai du sucre, ce qui acheva de les rassurer. Elles témoignèrent leur satisfaction en frappant leurs cuisses des mains (elles étaient assises sur leurs talons), faisant claquer leurs lèvres et échangeant entre elles quelques phrases gutturales incompréhensibles pour nous.

Vers le soir elles paraissaient avoir pris plus de confiance.

J'ordonnai alors à l'un des domestiques de délier la vieille femme. A peine se sentit-elle libre, qu'elle bondit dans les jungles avant qu'aucun de nos gens eût pu l'arrêter; mais, quand elle s'aperçut que l'enfant, qui était encore attachée, ne l'avait pas suivie, elle revint, et se blottit à ses côtés. Je lui donnai de nouveau du sucre, qu'elle prit et mangea sans hésiter. Elle semblait maintenant tout à fait convaincue que nous n'avions pas l'intention de lui faire de mal, et elle commença à nous examiner plus attentivement et même à toucher nos vêtements. Elle s'imaginait qu'ils nous avaient été fournis par la nature, car elle tressaillit d'effroi quand elle vit M... ôter sa coiffure; elle pensait que la tête aurait dû suivre le mouvement.

A la brune, nous étions en train de discuter les chances de la chasse du lendemain, car nous n'étions pas disposés à passer la nuit à l'affût, quand tout à coup M... se leva d'un bond et cria en hindou :

— Attention, tous! les habitants des jungles sont ici près.

Je saisis ma carabine et j'écoutai attentivement; mais je ne pus rien entendre.

M... me dit :

—Je suis sûr qu'ils sont là, car j'ai entendu distinctement un cri d'écureuil, ce qui ne se fait jamais entendre après la tombée de la nuit, et j'ai remarqué que l'œil de la vieille a étincelé à ce bruit.

Il avait raison. Presque aussitôt quatre ou cinq flèches tombèrent auprès de notre feu, sans toutefois blesser personne. J'en portai une à la vieille, et, lui ayant donné un morceau de sucre et quelques pommes de terre crues, je dis à Chineah de la mener vers cette partie du bois d'où les flèches paraissaient venir, tandis que je le suivrais à quelque distance avec mon fusil, accompagné de quelques-uns de mes gens, pour le protéger au besoin. Quand nous fûmes arrivés hors de la vue du feu, elle fit entendre comme le roucoulement du pigeon, et ce cri fut reproduit en deux endroits, derrière quelques massifs de buissons. Je vis alors d'autres figures la rejoindre dans l'obscurité. Je me sentis assez inquiet pour Chineah; mais, comme on ne paraissait pas disposé à lui faire violence, je ne m'approchai point du groupe, de peur de l'effaroucher. Après une consultation, qui sembla durer près d'un quart d'heure entre la vieille femme et ses pareils, ils la suivirent vers notre feu. Le groupe se composait de trois hommes, de deux femmes et d'un enfant. Les hommes ne dépassaient guère quatre pieds, et les femmes étaient beaucoup plus petites. Ils portaient tous leurs cheveux attachés, avec un lien de feuillage, sur le derrière de la tête, et cette chevelure s'étalait ensuite comme une queue de paon. Ils avaient de petits arcs de bambou, dont les cordes étaient faites avec les nerfs de quelque animal, et les flèches de roseaux durcis au feu et garnis de plume de paon. Ils eurent grand'peur quand nous nous approchâmes, mais ils parurent se remettre peu à peu, et mangèrent du sucre, des pommes de terre crues et du riz avec plaisir. Ils eurent une longue communication avec la vieille femme, et elle dut dissiper leurs craintes, car ils se couchèrent tous près du feu et dormirent, ou du moins affectèrent de dormir, car, à chaque instant, je voyais l'un ou l'autre ouvrir les yeux et regarder avec inquiétude autour de lui.

Quelques-uns des gens de ma troupe firent le guet pendant la nuit. Le matin, je trouvai mes sauvages, accroupis sur leurs jarrets, en grave consultation. Je leur montrai la peau d'un ours que M... avait tué quelques jours auparavant, et ils reconnurent évidemment quel animal c'était, car ils imitèrent exactement le bruit de son grognement. Je leur fis remarquer les trous des balles dans la peau, et je leur montrai ma carabine, qu'à leur grande consternation je déchargeai sur un arbre; et, quand leur frayeur fut un peu calmée, je leur présentai le morceau du tronc percé de la balle, et qu'un de mes gens avait coupé avec une hache.

Cet instrument parut les surprendre plus que tout le reste. Ils ne pouvaient d'abord le comprendre; mais après l'avoir vu employer plusieurs fois, rien ne leur plaisait plus que de se mettre eux-mêmes à l'œuvre pour couper du bois à brûler.

Ils s'amusèrent ainsi pendant des heures ensemble à couper du bois, à rire, à grogner et à se parler dans leur langage guttural.

Nous chassâmes dans cette forêt pendant près d'un mois, et je reconnus quels chasseurs inappréciables fournit la tribu des Yanadi, car nul ne les égale à la piste.

De jour en jour ils eurent plus de confiance en nous, et bientôt ils commencèrent à se trouver sur notre chemin et à se joindre à ma troupe. Googooloo s'est attaché à moi comme un chien, et il ne m'a pas quitté depuis; les autres sont encore dans leurs anciennes retraites. Nous parlons ensemble un jargon à nous que nul ne comprend que nous-mêmes : c'est un mélange d'hindou, de malabar, de tellegoo et de ses grognements particuliers. Il peut maintenant se faire comprendre à peu près par ma troupe, bien que souvent nous soyons réduits à l'impuissance de savoir ce qu'il veut dire.

Chineah et lui sont grands amis, et tous deux dans leur genre sont des chasseurs sans pareils.

Googooloo me considérait d'abord comme un être supérieur, mais maintenant je crois que son adoration s'est concentrée sur ma carabine préférée. On l'a vu souvent la saluer et la prier en répandant devant elle les fleurs les plus belles, à la grande indignation de mon jardinier.

J'ai su depuis que ces aborigènes de la forêt ont été trouvés dans toutes ses parties les plus épaisses, à travers l'Inde, et qu'on les appelle Yanadi, Crumbers, Mulchers, Yaks, Carders, Morats et Coons. Ils vivent de racines, de fruits et de tous les petits animaux qu'ils peuvent se procurer; ils n'ont aucune espèce d'habitation; ils s'abritent dans les troncs d'arbres ou dans des cavernes. Par l'effet d'une constante pratique, les sens de la vue, de l'ouïe et de l'odorat sont développés chez eux d'une façon extraordinaire. Googooloo a l'œil d'un faucon, l'oreille d'un lièvre et le nez d'un chien. Souvent, tout en marchant dans le jungle, je l'ai vu s'arrêter soudain, rester un moment les narines ouvertes comme s'il aspirait l'air, puis tirer sa hache, se précipiter dans le fourré, d'où il revenait presque aussitôt avec un gâteau de miel qu'il avait découvert dans le creux de quelque arbre, à l'odeur seulement. Il est merveilleux à cette besogne, et vous pouvez vous imaginer quel service il peut rendre dans les profondeurs des bois.

Quant à mes autres domestiques, mon intendant a été avec moi depuis que je suis arrivé dans ce pays, et il connaît toutes mes habitudes. Il en est de même de mon porteur de pipe et d'Abdulla, mon palefrenier. Mon valet de chambre est le petit-fils d'un vieil officier indigène qui a combattu à Assaye et à Seringapatam sous Wellesley Bahadoor (le brave). *Cinq-Minutes* mon cuisinier, Chineah, Googooloo, Naga et quelques autres de ma suite sont avec moi depuis des années, et ils y resteront, je crois, jusqu'à la fin du chapitre de mon existence.

Mais il est temps de nous rendre à l'invitation de la begum ; j'entends le son de la musique indigène dans cette direction, et je suppose que l'on n'attend plus que nous pour commencer les danses.

VI

LA DANSE.

Quand nous entrâmes dans le jardin situé autour du bungalow, nous trouvâmes que de grands préparatifs avaient été faits pour la danse. La verandah était fermée de tous côtés par de belles nattes servant d'écrans ou de paravents, derrière lesquelles s'assirent la begum et sa suite, et à travers lesquelles elles pouvaient voir la cérémonie sans être exposées aux regards du public. En face étaient placés une douzaine de siéges, dont ceux du milieu restaient vides pour nous, tandis que les autres étaient occupés par les officiers indigènes du détachement. Au milieu d'un large cercle de cavaliers, de cipayes, de gens à la suite du camp, de villageois et de domestiques assis en rang sur des paillassons placés sur le sol, était étendu un large tapis autour duquel avaient été posés plusieurs grands candélabres de cuivre. Au-dessus, un large voile d'étoffe rouge et blanche protégeait les spectateurs contre la chute de la rosée du soir, et, derrière, une tente ouverte contenait les musiciens, au nombre d'une vingtaine environ.

Les instruments se composaient de *sarindas* (espèce de guitare), de clarinettes, de plusieurs violons d'une forme étrange, de choléra-horns, de hautbois, de tam-tams, de tambours et de caisses indigènes de toute grandeur et de toute forme, indépendamment de petites cloches qui faisaient l'office de castagnettes.

De larges plateaux de cuivre et de bois chargés de bétel, de mangues, d'oranges, de figues, de bananes, de citrons, de raisins, de melons, de grenades, de pommes, et de toute espèce de fruits du pays, étaient présentés à la ronde, en sus des gâteaux et des sucreries qui étaient servis à discrétion aux spectateurs.

Lorsque nous fîmes notre entrée, la musique commença à jouer, et toute la compagnie se leva et nous salua en se tenant debout jusqu'à ce que nous fûmes assis; le noir aide de camp de la Begum nous présenta une foule de compliments de la part de sa maîtresse.

Le tintement des bracelets et des *grun-groos* (ornements et clochettes attachés à la cheville des danseuses) se fit alors entendre, et environ quarante bayadères revêtues de charmants costumes entrèrent dans le cercle et saluèrent gracieusement la compagnie. Une demi-douzaine des plus jeunes et des plus belles s'avancèrent ensuite, nous suspendirent autour du cou des guirlandes de jasmin double; et présentèrent en même temps à chacun de nous un citron, et un bouquet curieusement composé et attaché à une courte baguette de bois de sandal. Puis elles nous inondèrent d'eau de rose et nous parfumèrent avec de l'essence et de l'huile de sandal. Après quoi elles se réunirent aux autres danseuses, au milieu du cercle.

La musique, qui jusqu'à ce moment avait été assez monotone, éclata alors en accents joyeux sur cette magnifique mélodie persane de l'immortel Hafiz : *Taza ba Taza. Now ba Now*, et chacune des belles chanteuses entonnant à son tour les paroles du chant, il prit bientôt l'étendue d'un chœur général; puis, d'une façon pareille, une à une, elles commencèrent leur balancement gracieux et voluptueux jusqu'à ce que toutes fussent en mouvement; et bientôt les formes charmantes de ces belles sylphides semblèrent tournoyer devant nous comme dans une vision.

Renversé sur le dossier de mon siége, je goûtais les parfums narcotiques de mon hookah, qui apaise à la fois et réjouit le cœur, et je m'enivrais de la poésie des paroles chantées. Une sensation étrange et délicieusement ravissante pénétrait doucement tous mes sens, telle que je n'en avais jamais éprouvé de pareille; et lorsque je promenais ma vue sur ces gracieuses figures, douces comme des caresses, et revêtues des formes les plus pures d'une exquise élégance, je pensais au septième ciel du Prophète et je croyais voir les houris au turban vert qui font à jamais le bonheur des *fidèles* au paradis.

Leurs traits réguliers, leur peau douce, leurs grands yeux noyés et étincelants à travers les tresses brillantes de leur chevelure plus noire que l'aile du corbeau, offraient à mes yeux un attrait que ne m'ont jamais présenté les beautés plus froides des climats du Nord. Avez-vous jamais, ami lecteur, visité la terre du soleil? Vous avez dû alors, vous aussi, remarquer la volupté languissante et expressive qui s'échappe des yeux de gazelle de ses filles, et que vous chercheriez en vain dans d'autres terres moins favorisées? Vous aussi, peut-être, vous avez été captivé par quelqu'une des nombreuses beautés de l'Orient indien, et peut-être, après avoir plongé vos regards avides dans les profonds abîmes de ses yeux noirs, changeant sans cesse, tandis qu'étincelants à force d'éclat ils reflétaient amoureusement les vôtres, vous avez senti qu'ils parlaient un langage que comprenait bien votre cœur.

Mais *revenons à nos moutons*. La danse ordinaire des bayadères consiste plus en différents changements de position qu'en pas ou figures précis : elle se compose d'attitudes élégantes et de postures gracieuses par lesquelles elles avancent et reculent, pendant que leurs bras, leurs mains, leurs pieds, leur cou et leurs yeux se meuvent à l'unisson de la musique. Je pense qu'il faudrait les appeler plutôt chanteuses que danseuses, car il m'a toujours paru que leur danse n'était qu'un accompagnement gracieux de leurs chants qui ne traitent en général que de l'amour, ce qui prête souvent un caractère lascif à leurs poses. Les bords intérieurs des paupières sont noircis avec du *soormah*, préparation d'antimoine qui relève leur beauté et leur donne un aspect d'un attrait et d'une fascination toute particulière.

La danse a des charmes qui exercent une influence puissante et presque irrésistible sur les affections et les passions des habitants de l'Orient, et elle constitue le divertissement et l'amusement principal des grands et des petits. L'étranger d'Europe qui ne comprend point la langue et ne connaît pas les habitudes et les mœurs du pays peut considérer une danse comme une représentation monotone et n'ayant aucune signification ; mais pour celui qui entend et apprécie les beautés de Sadi et d'Hafiz, elle a une séduction inexprimable et irrésistible. Plus d'une nuit tout entière s'est passée pour moi délicieusement, pendant que mon régiment était cantonné dans les États du Nizam, lorsque dans le kiosque d'un indigène de mes amis, un émir d'Haïder-abad, bercé par le bruit des jets d'eau et des fontaines murmurantes qui rafraîchissaient l'air tout embaumé du parfum des bosquets de roses et de jasmins, je restais jusqu'aux premières lueurs de l'aube à écouter avec ravissement le langage fleuri des poëtes persans et à regarder les bayadères voltiger comme des fées devant moi.

Le costume ordinaire des danseuses musulmanes se compose d'un *cholee* (corset) s'appliquant juste à la forme du corps et ouvert par devant jusqu'au bas des seins, avec de courtes manches. Il est fait généralement en soie d'une couleur brillante et richement brodé en or; je suppose qu'il tient lieu des corsets de baleine, des corselets et de tous autres accoutrements abominables au moyen desquels les demoiselles européennes ont l'habitude de contourner leurs formes naturelles en ce qu'elles appellent une taille, et qui doivent, *j'imagine* (car je ne suis pas savant sur ce point), présenter un formidable obstacle aux avances de leur amoureux; en effet, il me semble que saisir par la taille une de ces demoiselles roides et flanquées de baleines doit procurer à peu près la même sensation que si l'on embrassait une borne ou un canon.

Le *loonga*, semblable au *peshuajh* des Persans, petite jupe couverte de riches broderies, serre la taille et descend à peine un peu au-dessous du genou, et montre les contours gracieux de la jambe et la finesse merveilleuse des chevilles menues. O vous toutes, jeunes beautés du Nord, avec quelle envie contempleriez-vous les formes délicates des filles des *fidèles*, dont les vêtements flottants ne sont retenus autour de leur taille que par une ceinture d'argent ou d'or de moins de dix-huit pouces en circonférence ! Le *kurtnee*, veste de la mousseline la plus fine et la plus transparente, sans manches, avec les bords richement brodés, se porte par-dessus le *cholee* et descend jusqu'à mi-corps. Par-dessus tout cela est le *sarree*, brillante écharpe de gaze, aux fils d'or ou d'argent, qui est passée autour de la taille avec l'un des bouts rejeté gracieusement sur l'épaule

La chevelure qui, presque toujours, est très-longue et soyeuse et d'un noir de corbeau, se porte à la vierge sur le front, mais se réunit par derrière en longues tresses qui, souvent, tombent jusqu'aux talons.

Le bord des cheveux, depuis le milieu du front jusque derrière la tête, est souvent orné d'une frange de semence de perles ou de petites chaînes d'or qui sont suspendues parallèlement à l'arc des sourcils, et font un charmant effet sur leur peau bronzée. Cet ornement est porté encore aujourd'hui par les juives de Constantinople et de Syrie, et un grand nombre de leurs autres joyaux remontent à une haute antiquité et ressemblent à ceux que le prophète Isaïe décrivait comme appartenant aux filles de Sion. Tels sont les objets en métal qui sonnent aux pieds, les bijoux ronds comme la lune, les parures du nez,—ce dernier ornement, appelé *boolaq*, est, en général, un croissant d'or, garni de rubis, de diamants ou d'émeraudes, et se porte dans le cartilage du nez, à travers lequel a été percé un trou, d'où il retombe sur la lèvre supérieure avec un très-charmant effet.

Autour des chevilles, sont attachés de lourds *grungroos* (bracelets ou anneaux) d'or ou d'argent massif, d'une forme curieuse et ressemblant à trois doubles gourmettes, auxquelles sont suspendues des rangées de petites clochettes rappelant les fleurs du fuchsia et de tons différents, qui tintent quand elles marchent et qui leur servent à suivre le mouvement de la musique quand elles dansent.

Elles portent des boucles d'oreilles tout autour des oreilles, mais aux lobes sont attachés de beaux pendants, de la forme la plus gracieuse, en cloches garnies de semence de perles.

Le cou et les bras sont couverts de toute espèce de colliers, de bracelets, de brassards, d'anneaux et de cercles d'or ou d'argent, indépendamment de nombreuses breloques et d'amulettes, qui passent pour mettre la personne qui les porte à l'abri du malheur, et détournent d'elle l'influence du mauvais œil.

Les doigts des mains et des pieds sont ornés de bagues, et les ongles sont teints d'un rouge vif au moyen du *maindee* ou suc du *henné*.

Pendant la danse furent exécutés plusieurs tours curieux, qui exigeaient une grande souplesse de corps. Par exemple, une rangée de jeunes filles se mirent devant nous, les pieds écartés de six pouces environ, entre lesquels était placée une roupie ou une aiguille, la pointe en l'air; elles se renversèrent toutes à la fois, et, introduisant leurs mains entre leurs pieds, ramassèrent la pièce avec leurs lèvres ou l'aiguille avec leurs paupières, et reprirent leur position première sans avoir remué leurs pieds.

On nous présenta à la ronde différentes espèces de fruits, et des sucreries expressément préparées pour nous par la begum elle-même, comme nous en informa son factotum. Elles étaient réellement excellentes dans leur genre.

Au même instant, deux jongleurs entrèrent dans le cercle, pendant un intervalle entre les danses, et l'un d'eux plaça devant lui une large cruche de terre, sur l'ouverture de laquelle avait été tendu fortement un morceau de peau, de façon à former une espèce de tambour, qu'il se mit à battre avec deux petites baguettes, suivant la mesure d'un chant curieux et monotone, par lequel il engageait son camarade à déployer ses plus grands talents pour amuser les nobles gentilshommes, s'il ne voulait pas manger la boue et voir son visage noirci.

L'autre répliqua que, la Providence lui venant en aide, il recevrait de grands présents des charitables seigneurs, à cause des grands tours qu'il allait accomplir; et, après s'être frappé la poitrine, et avoir prononcé plusieurs incantations cabalistiques, il fouilla dans un sac contenant les instruments de sa profession, et en tira un pantin d'une forme bizarre, qui, touché de sa baguette, paraissait pousser des cris et des grognements étranges.

Il l'appelait Madras Ramasaumy, et il continua en nous informant que c'était par le moyen de son aide qu'il allait nous amuser, parce que c'était un grand magicien. Je remarquai toutefois, que, pendant le cours de la représentation, le pantin reçut plus d'une correction quand les tours d'adresse ne réussissaient pas la première fois.

Le jongleur fit ensuite passer à la ronde une pierre blanche commune, que nous examinâmes, et la remit à une charmante petite danseuse qui était assise près de moi. Elle l'enferma dans sa main, et, après qu'il l'eût touchée de sa baguette, il lui dit d'ouvrir la main, qui se trouva pleine de sable blanc.

Il appela alors un musicien très-noir, et, lui enlevant son turban, il le fit asseoir à côté de lui ; puis, prenant une pincée du sable, il lui en frotta le bas du visage, ce qui laissa une marque jaune du plus vif éclat. Une seconde pincée donna une tache bleue, une troisième rendit la place rouge, et ainsi de suite, chaque pincée produisant une couleur différente. Il dit ensuite à la petite fille de refermer sa main, qu'il toucha de nouveau de sa baguette, et le sable fut changé en un petit serpent vivant, que la petite femme jeta en poussant un grand cri. Ce cri réveilla le docteur qui s'était endormi sur sa chaise à côté de moi, et lui fit étendre les bras et les jambes et frotter les yeux pendant quelque temps avant de savoir où il était.

— Ouf ! s'écria-t-il en sautant sur ses pieds avec un grognement de surprise, il faut assurément que j'aie dormi, car je pensais que cette vieille mégère d'ourse était après moi ; ce n'était pas tout à fait une bonne fille quand elle déchirait tout et bondissait, l'oreille en l'air et la gueule ouverte comme une cannibale altérée de sang, en paraissant, pour tout le monde, ne pas s'inquiéter plus d'avaler un membre de la Faculté qu'une pilule bleue. Pouah ! la vermine ! Mais que voulez-vous qu'elle fasse quand quelqu'un du métier va courir le pays avec un bon fusil, en compagnie de gaillards comme vous autres irréguliers?

Le jongleur prit ensuite le serpent, et, le frappant de sa baguette, il parut le changer de nouveau en pierre qu'il fit passer encore une fois sous nos yeux, après quoi il l'avala. Il se mit alors à se frotter l'estomac, et nous fit comprendre que cette rude nourriture ne convenait pas à son tempérament, mais qu'avec le produit de la générosité des nobles assistants, il espérait vivre bien à l'avenir et n'être pas obligé à faire des repas comme ceux qu'il avait faits le matin et dont il allait nous montrer la nature et la qualité. Il se toucha le menton de sa baguette et ouvrant la bouche, il en fit sortir quelques livres de cailloux, suivis d'une quantité de petites coquilles, puis de longues bandes de papier de différentes couleurs, et enfin il vomit un gros scorpion noir tout vivant, autour duquel il dansa en signe de joie, et se mit à nous expliquer gravement que cet audacieux reptile s'était glissé dans son estomac en même temps que de l'eau qu'il avait bue d'un puits sur lequel était tombé le mauvais œil; qu'il n'avait pas depuis lors goûté un seul instant de repos, attendu que cette bête dévorait toute la nourriture qu'il prenait et l'empêchait d'être jamais rassasié.

Il soumit ensuite à notre examen une graine sèche de manguier, qu'il enfouit dans la terre en murmurant pendant cette opération des imprécations contre tous les mauvais esprits, et il versa sur la place un peu d'eau qu'il nous assura venir des flots bénis du Gange.

Il nous fit voir une petite statuette en pierre de la déesse Bowanie, à laquelle il demanda de vivre assez longtemps pour manger du fruit de l'arbre dont il venait de planter la graine. Immédiatement après il déterra la graine, et la trouvant dans le même état que lorsqu'il l'avait enfouie, il affecta de se mettre en rage et commença à insulter la déesse en termes assez peu mesurés, en révélant certains antécédents de sa vie passée qui, s'ils étaient vrais, ne parleraient pas beaucoup en faveur de la moralité générale des divinités hindoues. Sa colère l'entraîna même à oublier la politesse la plus vulgaire envers le beau sexe, car il la frappa à plusieurs reprises de sa baguette, mais il finit par lui promettre de briser des noix de coco en son nom si elle l'aidait à faire plaisir aux nobles spectateurs ; et, la réconciliation opérée, il tira derechef la graine hors de terre, et nous montra de petits germes blancs poussant à l'une des extrémités.

Il l'enfouit encore et recommença ses flatteries à la statuette, lui promettant un coq en sacrifice si elle écoutait favorablement sa prière ; puis couvrant l'endroit d'un panier pour empêcher l'influence de tout mauvais esprit qui aurait pu nuire à l'accomplissement du charme, il nous fit voir, dans l'intervalle, quelques tours d'adresse fort habiles avec des gobelets et des balles d'étoffe rappelant un peu l'escamotage des dés.

Cela fait, il retira le panier et nous montra une jeune tige de manguier qui poussait au dehors ses deux premières feuilles; nous lui demandâmes de la déterrer tout à fait, et il nous la présenta avec la graine encore attachée aux racines. La plante remise en terre et recouverte du panier, il exécuta des jongleries fort difficiles avec des balles et des couteaux.

Quand il découvrit de nouveau la plante, elle était chargée de fleurs que nous examinâmes avec grand soin avant que le panier fût remis en place.

Le jongleur accomplit alors un tour fort intéressant dans lequel il n'y avait réellement pas de supercherie. Il fit coucher son camarade sur le dos, et plaça sur son estomac nu une double feuille de bétel; puis, prenant en main un sabre bien affilé, il en porta un coup furieux qui trancha complètement la feuille et fit une ligne sur l'estomac de l'homme, sans entamer cependant la peau. Il plaça un citron sur la paume de la main d'un homme, et le coupa en deux d'un coup, si bien que les deux moitiés tombèrent à terre, sans que l'épiderme de la main eût été entamé quoique le sabre y eût laissé une marque légère.

Ce tour achevé, le jongleur pria le docteur d'enlever

le panier, et nous vîmes avec le plus vif étonnement l'arbre plier sous le poids de cinq belles mangues qui furent cueillies et soumises à notre examen.

La représentation fut à bon droit fort applaudie, mais l'opérateur était regardé avec défiance et soupçon par les indigènes, qui s'imaginaient que tout était fait par lui avec des moyens surnaturels ; en effet, quand je coupai la mangue qu'il me présenta, j'en offris une moitié à la petite musulmane assise à mes pieds, mais elle la repoussa avec un frémissement réel, en me suppliant de n'en point manger, au nom d'Allah, car ce ne pouvait être que mauvais venant d'une telle source.

Je mangeai le fruit cependant et le trouvai très-bon, mais je ne pus persuader à aucun des indigènes de le goûter.

Le tour suivant fut aussi extrêmement bien fait et mérite d'être raconté. Le jongleur se prosterna devant l'image en pierre de la déesse, et, lui faisant un profond salut, il la remercia de la grâce qu'il avait trouvée aux yeux de l'honorable compagnie assemblée en ce lieu, et se déclara dorénavant son plus humble adorateur; et, pour preuve de ce vœu solennel, il annonça qu'il allait sacrifier immédiatement sa fille unique et se consacrer désormais entièrement au service de la déesse. Il exprima ses intentions à une belle petite fille d'environ six ans qui était assise non loin de là, elle commença à crier et à se débattre de la façon la plus naturelle; mais il la saisit, et après l'avoir dépouillée de tous ses bijoux et de ses vêtements de dessus, il détacha sa longue chevelure noire qui tomba sur ses épaules, et lui lia les pieds et les mains, puis il la couvrit d'un voile noir épais.

Il balaya ensuite le terrain sur lequel il répandit quelques gouttes de l'eau sainte du Gange, et prenant sa fille il la coucha sur la terre en la recouvrant du panier dont il s'était servi pour le tour du manguier, et par-dessus le tout il étendit un drap blanc. Alors il commença une prière à la déesse Bowanie, en se prosternant devant l'image de pierre pour invoquer son secours, et il termina en ouvrant une noix de coco en sacrifice, dont il plaça les morceaux devant elle.

Puis éclatant tout à coup en un cri sauvage et prolongé, il roula les yeux, écuma de la bouche comme un furieux, et saisissant un sabre à deux tranchants, il le plongea au milieu du drap, à travers le panier sous lequel il avait placé son enfant, en répétant le coup deux fois en des places différentes. On vit des ruisseaux de sang noir couler de dessous le drap, et le sabre lui-même en porter les traces, pendant qu'à chaque coup les cris et les gémissements paraissaient sortir du panier. Un moment régna le plus grand silence, et chaque visage semblait fixe d'horreur à la vue de ce crime supposé; puis les hommes se mirent à murmurer hautement, et les femmes poussèrent des cris d'alarme et se précipitèrent çà et là en hurlant et en se frappant la poitrine; le jongleur fit alors froidement une salutation à l'idole, et soulevant le drap ensanglanté et le panier, il déploya aux yeux des spectateurs en émoi le voile percé en trois endroits et la corde avec laquelle la petite fille était attachée. L'enfant avait disparu.

Tous restaient comme foudroyés et quelques-uns des assistants saisirent le jongleur et le menacèrent de leur vengeance s'il ne faisait point reparaître l'enfant qu'il avait enlevée par magie. Il se débarrassa de leur étreinte et saluant de nouveau l'image, il prononça trois fois le nom de Chandbee; la petite fille arriva en courant de quelque endroit hors du cercle et embrassa son père. Nous applaudîmes longtemps et fort, et quand la jeune enfant fit le tour de la société avec son plateau, de nombreuses offrandes attestèrent la satisfaction des spectateurs.

—C'est un tour magnifique, dit W..., car bien que j'aie prévu ce qui allait arriver, l'ayant vu déjà, et bien que j'aie examiné avec soin tous les mouvements, je n'ai pu saisir le moindre indice qui me mît sur la voie de la découverte, et je déclare n'y rien comprendre.

— Certainement l'illusion est extraordinaire, répliquai-je, mais le tour du manguier m'étonne bien plus. Je crois bien avoir deviné comment l'enfant a disparu de l'intérieur du panier, quoique j'avoue ne l'avoir pas vu remuer. Mais ne vous rappelez-vous pas que lorsqu'il a porté le premier coup à travers le drap et retiré son sabre rouge de sang, plusieurs femmes se sont précipitées autour de lui avec des sanglots et des cris d'horreur, ce qui a produit quelque confusion; j'imagine qu'à ce moment l'enfant a pu se glisser hors du panier et s'esquiver cachée sous la draperie flottante d'une femme complice de la supercherie. Je me souviens que j'ai pensé alors que la douleur exagérée d'une vieille musulmane ne s'était produite à cette occasion que pour détourner notre attention; en effet, j'ai remarqué que bien qu'elle se lamentât et se frappât la poitrine à coups redoublés, elle ne versait pas une larme, et elle leva même la main pour se mettre dans la bouche un morceau de noix de bétel, ce qui m'a donné à penser que c'était une commère du jongleur et qu'elle n'avait pas plus de chagrin que moi-même.

— Les choses ont dû se passer comme vous dites, répondit Jack, si l'ami du carabin, le vieux Nick, n'a pas joué son rôle dans l'affaire, et je vous avoue que d'abord j'ai bien cru que le surnaturel se mettait de la partie.

Les jongleurs s'étant retirés, la danse continua jusqu'aux premières lueurs de l'aube; nous nous levâmes alors de nos siéges et ce fut un signal pour les jeux de cesser et pour les spectateurs de se retirer.

Nous distribuâmes nos largesses aux bayadères et nous nous rendîmes sous une tente située près de là, où était servi un magnifique souper indigène suivant les formules de la cuisine musulmane; nous restâmes à causer et à fumer nos hookahs jusqu'au moment où l'on vint nous avertir que le soleil était levé. Chacun de nous se retira dans sa tente.

VII

LA MORT DU MANGEUR D'HOMMES.

Comme je me préparais à me mettre au lit, mon premier chasseur, Chineah, vint me dire que le patel de Botta-Singarum m'envoyait prévenir qu'on avait vu le tigre s'embusquer près des abords de ce village, peu de temps après notre retour au camp.

J'envoyai immédiatement chercher le dhoby et Kistimah, et je le dépêchai avec Chineah et ma troupe de chasse au village, pour y porter mes fusils et y recueillir des détails. Je désignai un lieu de rendez-vous, et le lendemain matin, après un repos de quelques heures, un bain et un déjeuner rapide, je montai à cheval sans déranger les autres officiers qui dormaient encore, et je rejoignis mes gens à la station de police de Botta-Singarum.

Sans quitter la selle, je fus guidé par un homme du village à l'endroit où le *mangeur d'hommes* avait été vu la veille au soir, et j'y trouvai des signes manifestes de sa présence.

Je renvoyai mon cheval au village, et, accompagné de mes chasseurs, je suivis les traces du tigre dans un étroit ravin couvert de bois épais.

En ce lieu, la piste devenait extrêmement difficile à conserver, car la bête avait évidemment marché en avant et en arrière dans le lit et le long des bords d'un ruisseau desséché, et nous ne pouvions distinguer sa dernière voie.

Je fis séparer la troupe, et pendant une demi-heure nous ne fîmes qu'errer comme dans un labyrinthe, l'animal rusé ayant décrit plusieurs cercles pour dérouter le chasseur. Parfois, en suivant sa piste, nous revenions au point d'où nous étions partis.

Tandis que nous étions tous en défaut, j'entendis

deux fois ce cri à quelque cent pas de nous : *Coo;* je reconnus que Googooloo, qui ne prenait presque jamais le change, était sur une trace toute fraîche et qu'il nous appelait.

La troupe se réunit, et nous nous frayâmes un chemin à travers un buisson épais, jusqu'à l'endroit où Googooloo se tenait près d'une mare dans le lit de la nullah.

Nous constatâmes, à des marques évidentes, que le tigre venait d'y étancher sa soif tout récemment, car l'eau coulait encore dans les empreintes profondes laissées par ses pieds de devant près du bord de la mare, et je remarquai que l'eau paraissait encore agitée et trouble en cet endroit.

Après avoir bu, l'animal s'était dirigé vers un fourré très-épais, recouvert de plantes grimpantes, et à travers lequel nous ne pûmes le suivre sans le secours de nos haches.

Nous avions donc quelque espoir de succès en continuant la poursuite.

J'étais convaincu que l'animal se tenait encore en embuscade près de nous dans le jungle, car, indépendamment des pistes toutes récentes que nous suivions, j'avais cru entendre les cris d'une troupe de singes que je supposais avoir été effrayés par son apparition ; en outre, c'était bien la place où le tigre devait se tenir pendant la chaleur du jour, car il y trouvait tout à la fois de l'ombre et de l'eau.

Tous mes chasseurs furent de cet avis, et Kistimah fit observer qu'en deux occasions différentes, après l'enlèvement d'un coureur de la poste, il avait remarqué que la trace du tigre menait de cette partie du jungle à un coude de la route, où l'on savait qu'il s'était mis souvent en embuscade pour attendre quelque proie.

—Ces *mangeurs d'hommes,* ajouta-t-il, sont de vrais démons, et je ne serais pas surpris qu'en ce moment même il nous guettât du fond d'un buisson.

J'examinai avec soin les capsules de ma carabine, et je remarquai que quelques-uns de mes chasseurs se rapprochaient de moi en frémissant, car cette bête leur avait inspiré à tous une terreur salutaire qui les empêchait de s'écarter. Deux ou trois ne parlaient plus qu'à voix basse, comme s'ils craignaient qu'elle ne fût assez près pour les entendre conspirer sa perte.

Enfin Kistimah dit qu'il avait pensé à un plan, dangereux il est vrai, mais qui pouvait réussir : c'était que j'allasse avec un homme vêtu comme un coureur de la poste, en bas du grand chemin, au coucher du soleil, heure à laquelle le tigre emportait généralement ses victimes. Le tigre, trompé par ce stratagème, accourrait peut-être pour saisir sa proie, et j'aurais alors la chance de lui tirer un coup de carabine.

A cette proposition, diverses exclamations désapprobatives, accompagnées de hochements de tête, se firent entendre. Toutefois, Chineah, le dhoby et un ou deux hommes de la troupe l'approuvèrent, et Kistimah offrit de m'accompagner en jouant le rôle du coureur de la poste.

Je n'y voulus point consentir, car je pensai que j'aurais plus de chance de rencontrer le tigre en allant seul à sa recherche. Je voulais d'ailleurs n'avoir à ne m'inquiéter que de moi. Ayant donc adopté le plan de Kistimah avec cette modification, je revins au village, et j'obtins du patel le bambou auquel les coureurs de la poste suspendent les sacs de dépêches sur leurs épaules. A l'extrémité de ce bâton est un anneau de fer, auquel sont attachées un certain nombre de petites pièces de métal, qui font un bruit de grelots quand l'homme court, ce qui avertit de l'arrivée de la poste et permet aux passants de s'écarter de son chemin. Je détachai l'anneau et je le fixai à ma ceinture, de manière qu'il tintât quand je marcherais; je m'armai d'une courte carabine à deux coups, de Westley chards, d'une paire de pistolets et d'un grand couteau de chasse, puis je me fis conduire par Kistimah en bas de la route, vers l'endroit où l'on disait que s'embusqua le *mangeur d'hommes*.

A un mille environ du village, je fis s'arrêter mes chasseurs et les villageois qui m'accompagnaient, et je continuai de m'avancer avec Kistimah, Chineah et Googooloo pour reconnaître le terrain.

La route était coupée par une étroite ravine, au fond de laquelle courait le lit d'un ruisseau, alors sec et sablonneux, dont les bords étaient couverts de hautes herbes et de roseaux, entremêlés de buissons d'épines bas et rabougris. A gauche était une colline basse et rocheuse, nue en de certains endroits et couverte dans d'autres d'un épais fourré, avec des groupes de dattiers sauvages et de pommiers.

Kistimah m'indiqua un massif de jungle assez touffu, à droite de la route, où le tigre, disait-il, se cachait souvent quand il s'embusquait pour attendre sa proie, et nous y trouvâmes en effet quelques pistes anciennes.

Il me montra aussi un rocher derrière lequel la bête avait pris son élan pour bondir sur un coureur de la poste quelques semaines auparavant, mais nous ne vîmes aucun signe indiquant qu'elle y fût revenue récemment.

C'était bien là toutefois ce qu'un chasseur des Indes aurait appelé un repaire de tigre, car des rochers escarpés et des pics dénudés s'élevaient dans toutes les directions du milieu de l'épais feuillage de la forêt.

Çà et là de nobles arbres de haute futaie dominaient la scène comme des géants.

Pas un souffle n'agitait l'air, pas une feuille ne bougeait, et comme le soleil était encore haut dans le ciel sans nuages, la chaleur devenait accablante. La respiration même était difficile, à cause d'une certaine odeur lourde, se dégageant des végétaux en décomposition qui tapissaient le sol et du parfum violent des fleurs qui s'épanouissaient dans les jungles.

Quand j'eus reconnu le pays, je me sentis accablé de lassitude, et je rejoignis ma troupe, que je trouvai endormie dans un massif épais, à quelque distance de la route. Je m'y couchai pour reposer, protégé contre les rayons du soleil par l'ombre d'un berceau naturel formé par deux arbres qui s'inclinaient sous le poids de diverses plantes parasites.

Le silence et le calme profond de cet endroit n'étaient troublés de temps à autre que par le cri éloigné du paon ou le chant grêle d'un coq des bois qui caquetait dans un bosquet voisin. Les notes aiguës de ces volatiles s'harmonisent avec le calme, la solitude et la sublime grandeur de la nature dans les profondeurs des jungles. Ils habitent ces épais fourrés dont Ferishta dit avec raison : « La mort y coule avec l'eau, le poison y vole avec la brise, le gazon y est rude comme les dents du serpent, et l'air y est fétide comme le souffle des dragons. » Rien n'est plus vrai; les fièvres pernicieuses se cachent dans ces lieux si splendides à la vue, où l'air est empoisonné par les exhalaisons des matières végétales qui couvrent la terre.

Je dormis plusieurs heures. Lorsque je me réveillai, le soleil était descendu à l'horizon. Je me sentis rafraîchi par ce long somme, et après m'être orienté, je me préparai à poursuivre la tâche que je tenais à honneur d'accomplir seul et à l'insu de mes compagnons du camp.

J'examinai avec soin mes armes, et après avoir constaté que rien de nouveau n'avait été vu par mes chasseurs, dont quelques-uns avaient fait le guet, je recommandai à mes gens d'attendre la détonation de mon fusil, et de ne venir qu'après l'avoir entendue. Ils devaient rester tranquilles jusque-là.

J'ordonnai à Chineah, à Kistimah, à Googooloo et au dhoby de m'accompagner au bas de la route avec des fusils de réserve, pour le cas où j'en aurais besoin, et quand je fus arrivé à un endroit qui dominait la vue du ravin, je les fis grimper sur différents arbres.

Kistimah me suppliait de le prendre avec moi, parce que, disait-il, ce tigre n'attaquait jamais l'homme que par derrière; mais je ne voulus pas lui permettre de venir; je craignais que la vue de deux personnes n'effarouchât l'animal.

Le soleil était presque couché quand je m'avançai

lentement vers le bas de la route, et bien que je fusse parfaitement calme et aussi ferme que possible, je sentais de froides gouttes de transpiration mouiller mon front à mesure que j'approchais de l'endroit où tant de victimes avaient succombé. Je passai le rocher, en me tenant sur le qui-vive, en écoutant avec soin le bruit le plus léger, et je me rappelle avoir été vivement contrarié par le frôlement de deux petits bulbuls (rossignols des Indes) qui se battaient dans un buisson tout près du bord de la route. Des perdrix s'appelaient à grands cris aux alentours, et lorsque je traversai le ruisseau, je vis un chacal s'esquiver le long du lit desséché de la nullah. Je m'arrêtai, je secouai mes grelots et j'écoutai plusieurs fois en continuant ma route; mais le tout en vain.

Pendant que je gravissais le côté opposé du ravin, j'entendis un bruit léger comme le craquement d'une feuille sèche. Je m'arrêtai, et, me tournant à gauche, je fis face à l'endroit d'où je pensais que provenait le bruit.

Je vis distinctement alors une ondulation des hautes herbes, comme si quelque animal se dirigeait vers moi; puis j'entendis un fort roulement guttural, et j'aperçus quelque chose qui se remuait derrière un bouquet de buissons et de longues herbes, à environ huit ou dix pas de moi.

J'éprouvai un moment d'angoisse, mais je me sentais prêt. Je reculai vivement de plusieurs pas pour mieux me rendre compte de la nature de ces incidents, et ce mouvement me sauva probablement la vie. A peine l'avais-je exécuté, qu'un tigre bondit au milieu de la route et tomba juste à la place que je venais de quitter.

Je lui tirai un coup de fusil à la hâte avant qu'il pût se ramasser pour faire un second bond, et quand la fumée se fut dissipée, je vis le tigre rouler plusieurs fois sur la route et se tordre dans l'agonie de la mort. Ma balle était entrée dans le col et avait pénétré dans la poitrine.

Je m'avançai par côté, et lui déchargeai mon second coup derrière l'oreille.

Un sang noir sortit à flots de ses narines, un léger tressaillement passa dans tous ses membres, et son cadavre devint immobile.

Le *mangeur d'hommes* était mort, et ses victimes étaient vengées, car c'était bien le tigre qui faisait depuis plusieurs mois la terreur de la contrée. Il n'y avait pas à s'y méprendre.

Ma troupe, attirée par le bruit de mes deux coups de feu, accourut à perdre haleine, et Kistimah reconnut avec joie l'identité de ma victime.

Il était couvert de gale et n'avait plus que quelques

poils sur la peau, d'un brun rougeâtre, et ne valant pas la peine d'être gardée.

Je fis couper d'un coup de hache la patte droite par Chineah, et j'envoyai un coureur au camp pour y annoncer mon succès. Un char à bœuf arriva du village, et la carcasse y fut hissée à grand'peine. Les villageois l'y traînèrent en triomphe, car les bœufs étaient si effrayés du fumet de l'animal, qu'ils ne voulurent jamais se laisser atteler au char.

Tous les gens du village assistèrent à notre entrée; des cérémonies religieuses (*poojahs*) furent exécutées; on sacrifia des moutons et des coqs, et l'on adressa en mon nom des prières à diverses divinités hindoues (sawnies). J'étais l'objet des regards admiratifs de toutes les jeunes filles du village, qui me saluaient des deux mains de chaque côté de la route. Quant aux vieilles femmes, j'eus réellement quelque difficulté à me tirer de leurs griffes; elles baisaient le bord de mon vieil habit de chasse en drap vert, elles faisaient claquer leurs doigts au-dessus de mon front en signe de bonheur, elles me caressaient la figure et la barbe, elles me tapaient sur le dos, enfin elles devinrent si violentes dans leurs démonstrations d'enthousiasme que je dus ordonner à mes gens de les écarter.

Les hommes du village vinrent tous avec des torches et des brandons m'escorter jusqu'au camp. On brûlait des fusées et des feux d'artifices, on déchargeait des fusils, et les tam-tams, les tambours et les choléra-horns lançaient leurs fanfares bien autrement triomphales que celles de la veille, devant le tigre mort dont la tête était portée en avant au bout d'une lance.

Mes chasseurs précédaient le cortége ; cinq anciennes bayadères du village pirouettaient devant le char, avec des cris et des hurlements, tandis qu'elles se démenaient à la lueur fantastique des feux, de telle manière qu'elles me rappelaient vivement la scène des sorcières dans *Macbeth*.

Le camp tout entier accourut pour voir la carcasse du *mangeur d'hommes,* et je fus l'objet de félicitations sans nombre.

Je donnai des moutons et des volailles à ma troupe de chasse, avec du rackee, et pendant toute la nuit il y eut des bruits de fête dans l'air.

Le lendemain, le cadavre mutilé fut promené sur un char dans tous les villages environnants, par Kistimali et le dhoby, qui prélevèrent à leur profit une assez forte somme sur la reconnaissance des habitants.

J'avais déjà tué bien des tigres et j'en ai tué beaucoup d'autres depuis, mais jamais je n'ai eu affaire à un ennemi plus acharné du genre humain, puisque c'était par centaines qu'il fallait compter ses victimes.

Il justifiait pleinement ce que dit un vieux dicton indien : « Quand un tigre a une fois goûté du sang humain, il ne chasse plus d'autre gibier, car les hommes lui sont une proie savoureuse en même temps que plus facile. »

A la place où le *mangeur d'hommes* a succombé s'élève maintenant un mausolée, construit par les passants ; chacun d'eux a fourni sa pierre, jusqu'à ce qu'une énorme pyramide ait été formée de cette façon.

Depuis lors, plus d'un voyageur qui a passé par ce chemin a entendu de la bouche du vieux cipaye en retraite chargé de la garde du bungalow public, le récit de la mort du fameux *admee-khanna-wallah* (mangeur d'hommes), et de vieux amis m'ont dit que bien des questions affectueuses leur avaient été adressées sur l'officier de cavalerie à la barbe noire qui a eu le bonheur d'en délivrer le pays.

VIII

TRICHINOPOLY

J'étais cantonné depuis quelque temps à Trichinopoly, l'une des plus tristes de nos stations militaires de l'Inde méridionale, si triste en effet, que les autorités compétentes prétendent qu'entre cette ville et les régions infernales il n'y a pas l'épaisseur d'une feuille de papier. Tout Anglo-Indien vous dira qu'elle est fameuse pour trois choses ; ses magnifiques chasses à la bécassine, ses cigares sans pareils et ses chaînes d'or du travail le plus délicat et le plus exquis.

Trichy (abréviation pour Trichinopoly), comme la plupart des cités de l'Hindoustan, possède une citadelle en pierre, vieille pagode d'autrefois, bâtie sur un rocher presque inaccessible, qui s'élève tout seul dans la plaine et commande le pays environnant. Elle est entourée d'une *pettah* ou ville indigène, fortifiée d'un double mur bastionné en maçonnerie solide, d'un fossé profond (lequel peut être rempli par la Cauvery, qui coule à une petite distance de la face nord), d'un chemin couvert et d'un glacis. Cette place a été le théâtre d'un combat sérieux en l'année 1753, quand les Français essayèrent de l'emporter d'assaut par surprise et ne purent y parvenir. Dans l'intérieur des murailles se trouvent les ruines d'un beau palais habité jadis par Ameer el Omra, plusieurs mosquées musulmanes et des pagodes hindoues consacrées à divers sawnies (dieux de l'Inde), d'un aspect singulier et d'une moralité contestable, si nous devons en croire l'histoire de leur vie qui est en général sculptée sur les murs extérieurs de leurs temples. La grand'garde, commandée par un officier européen, est logée dans une des principales entrées du fort qui contient aussi un arsenal (jadis pagode), des casernes, des magasins, des dépôts, et un bazar bien approvisionné dans lequel on peut acheter toute chose, depuis le plus mince objet jusqu'à un éléphant. En dehors des murs s'étendent d'immenses faubourgs, et non loin de là s'élève le quartier militaire où sont cantonnés un régiment de fantassins européens au service de Sa Majesté, ou de la Compagnie des Indes orientales, un régiment de cavalerie légère indigène, quelque peu d'artillerie, et trois bataillons d'infanterie indigène.

Trichinopoly est située sur la rive méridionale de la rivière Cauvery, et passe pour une cité sainte aux yeux des Hindous; elle est, pour la présidence de Madras, ce que Bénarès est pour le Bengale. Presque en face de la ville, sur une île formée par la division du courant, se trouve le célèbre temple de Seringam dont le mur extérieur contient une surface de plus d'un mille carré. C'est là qu'est la véritable pépinière du brahminisme, et que se réunissent de toutes les parties de l'Inde méridionale ces personnages gros et gras, fainéants, à charge sur la terre où ils vivent largement aux dépens de la sueur d'autrui, et s'enrichissent et prospèrent grâce aux offrandes qu'ils arrachent aux pauvres pèlerins hindous, en les trompant et en exploitant leur crédulité et leurs craintes superstitieuses.

C'était dans la seconde moitié du mois d'avril, et nos vieux routiers déclaraient qu'ils n'avaient jamais souffert d'une chaleur pareille. Nous étions tous presque rôtis au four, et, comme disait le vieux Paddy S..., du ...e, « nous semblions des momies sèches ressuscitées, » car nous avions le visage brûlé jusqu'à paraître couleur de café, par suite de notre exposition constante au soleil dans nos chasses à la bécassine.

Je me sentais complétement dégoûté et fatigué de l'immuable monotonie de la vie de garnison dans les

Indes, et j'étais malade de parades, d'exercices, de gardes montantes, d'inspections, de conseils de guerre, de cours d'enquête, d'informations, de requêtes, de comités, de réunions et de conseils de toute espèce. La grand'garde et le service du régiment semblaient revenir plus souvent qu'à leur tour ; en un mot, rien d'excitant ne se montrait dans la vie, que les moustiques, qui sont une des plaies de l'Inde, et ceux de Trichy ont une réputation incontestable et incontestée dans tout le pays.

J'étais assis, après dîner, un soir, dans la verandah de la pension, et je causais avec trois ou quatre officiers, mes amis, tout en écoutant la musique militaire, et en réfléchissant sur la vie insipide que je menais, quand tout à coup mon *chochra* (jeune garçon musulman dont les fonctions consistaient à m'habiller et à me servir à table) se précipita vers nous en toute hâte, en s'écriant : *Sahib! sahib! Chineah iya hy!* (monsieur! monsieur! Chineah est arrivé!) Or Chineah était mon premier chasseur que j'avais envoyé en reconnaissance à la recherche de gros gibier, et qui tenait un emploi important dans ma maison.

—Voyons-le tout de suite, dit B..., sachons où il a été et quelles nouvelles il apporte.

J'envoyai chercher Chineah, et quelques minutes après il s'inclinait devant nous.

—Eh bien, Chineah, lui dis-je, quelles grandes nouvelles nous apportez-vous, que vous avez été si longtemps éloigné? Je n'avais plus entendu parler de vous et je vous ai attendu chaque jour pendant cette dernière quinzaine; enfin, j'ai dû penser qu'il vous était arrivé un accident, car trois ou quatre de vos femmes sont venues m'annoncer qu'elles avaient entendu dire au bazar que vous aviez été dévoré par un tigre.

—Les femmes ne valent rien, maître, répondit-il, elles disent une foule de mensonges, et vont beaucoup trop au bazar. Elles causent, elles causent sans fin et ne font rien qui vaille. Je pars pendant près de deux mois, je reviens à la maison et je ne trouve ni linge, ni riz, ni tabac. Demain il y aura du grabuge, et le fouet ira bon train. *Ah! sahib, karre log kuch fiâa na* (ah! monsieur, l'engeance féminine ne vaut rien de bon).

—Laissez-les de côté, répliquai-je; voyons quelles nouvelles vous nous direz du gibier, car M. B... et moi nous allons partir en chasse dans quelques jours, et nous désirons apprendre quelles sont nos chances.

—Bien, monsieur, maître sait très-bien que je suis parti pour les collines Putchee-Mullah et Koolee-Mullah, où je n'ai vu que quelques cerfs mouchetés; aussi j'ai poussé jusqu'à Salem, et sur les versants des collines Sheveroy j'ai vu quelques élans, des cerfs mouchetés et de vieilles traces de bisons. Je m'arrête au village de

Mulliarry cinq, six jours, et là je rencontre un homme, Naga, très-bon chasseur, aussi je l'amène avec moi; je suppose que maître a besoin d'un autre chasseur. Cet homme me dit qu'il y a beaucoup de gibier dans les jungles de Bowani, aussi j'y vais avec lui, et aussi tout au travers du jungle de Combei, où je vois beaucoup de bêtes sauvages. Il y a des tigres, des panthères, des ours, des bisons, des élans, des cerfs mouchetés et des antilopes; et près du défilé d'Hassanoor j'ai vu quantité de vieilles pistes d'éléphants et quelques nilgauts. A supposer que maître aille à Bowani, il y trouvera de bien bonnes chasses. Naga connaît ces contrées très-bien; et j'ai dit à tous les hommes des Mulchers (tribu des jungles) que maître arrive bientôt. Je suppose que maître trouve beaucoup de gibier, les Mulchers recèvront beaucoup, beaucoup de présents.

— Fort bien, Chineah, vous avez fait votre besogne avec conscience, et, dans quelques jours, *inshallah!* (s'il plaît à Dieu!) nous irons essayer notre chance dans cette partie du pays. Allez maintenant trouver Yacoub-Khan et dites-lui de vous donner un mohur d'or (36 francs), pour vous amuser, vous et la troupe. Mais prenez garde qu'il n'arrive d'accident à aucun de vous, car si quelqu'un se fait prendre par la police et mener devant le magistrat, je demanderai que vous ne soyez pas mis à l'amende, mais que l'on se paye sur vos épaules.

—Je ne désire voir cet homme-là qu'en enfer, dit Chineah en se retirant, avec une grimace qui montrait ses dents; il n'est pas bon.

—Eh bien, B..., dis-je, je ne vois pas que nous puissions mieux faire que d'essayer les bois de Bowani, car j'y prévois de belles chasses d'après le récit que nous a fait Chineah; et vous pouvez compter qu'il est exact, car il a été avec moi longtemps, et je n'ai jamais trouvé qu'il m'ait trompé. Je vais aller immédiatement trouver H..., pour lui demander de faire parvenir ma demande d'un congé de deux mois, et je prierai le général de m'accorder la permission de partir tout de suite, par anticipation sur mon congé définitif, du quartier général de l'armée.

Je trouvai le major H..., qui commandait alors le régiment, en conversation avec le vieux S..., du commissariat, et il consentit aussitôt à expédier ma demande, en me disant qu'il ne doutait pas qu'elle ne fût accordée.

Les trois jours suivants furent consacrés aux préparatifs de mon expédition cynégétique, préparatifs que je vais décrire pour l'avantage des non-initiés.

J'avais fait construire, d'après mon plan et mes idées, ce que je conseillerais à tout chasseur dans les Indes de posséder,—c'est à savoir un char à bœufs en bois de teck, monté sur ressorts et disposé pour le voyage. Le mien avait sept pieds de long sur quatre de large, et contenait trois larges caisses ou compartiments imperméables à l'eau, pour renfermer ma batterie de cuisine et mes comestibles *en route;* une quatrième caisse doublée de cuivre avec un couvercle à vis muni d'une serrure, pour mes munitions, et un râtelier pour huit fusils. Les côtés en bois avaient environ deux pieds et demi de haut, et supportaient six cercles de bambou, sur lesquels était tendue une couverture de toile blanche; tout cet appareil était mobile et pouvait être enlevé en un instant. Le bas du char était légèrement équarri tout autour, calfaté et garni d'un doublage en cuivre, de telle sorte qu'en enlevant les clavettes et en mettant les roues dans la voiture, mon char me servait de bateau pour me transporter avec mes bagages à travers des rivières que je n'aurais pu franchir autrement. Quand j'étais au cantonnement, je retirais le timon et le joug que je remplaçais par des brancards, et bien que ce ne fût pas un véhicule très-léger, une vieille jument d'Australie, que j'avais, le menait au trot avec la plus grande facilité. Le fond du char, dans toute sa longueur, était garni d'un sommier de crin, et les côtés étaient rembourrés, de sorte que j'étais arrivé à me trouver en voyage pourvu de tout le confortable nécessaire.

Avec les bœufs de la poste, je pouvais généralement

faire en moyenne quatre milles à l'heure; et, comme je ne m'arrêtais que pendant la chaleur du jour, je franchissais les distances avec une rapidité très-remarquable pour les Indes.

Ma batterie, dont je tirais vanité grande, se composait d'une paire de carabines de Purdey, calibre de dix; d'une carabine à deux coups et de deux fusils à canons lisses, calibre de huit, par Westley Richards; d'une carabine à deux coups de Burrows de Preston; de deux fusils de chasse, calibre de seize; d'un Purdey et d'un long Joe Manton, tous deux rayés; d'une longue canardière de Fullard, calibre de quatre (d'un seul coup de cette arme j'ai abattu dix-sept canards et sarcelles), et d'une sarbacane allemande.

Une grande hache à dos, américaine, une paire de hachettes, une herminette et d'autres outils étaient accrochés aux parois de mon char pour que je les eusse sous la main en cas de rupture, ce qui arrive souvent quand on voyage dans les Indes. Un bœuf turbulent ou un conducteur maladroit ont bien vite fait de casser un timon ou un joug en route; et dans les parties du pays où le gibier est abondant, on trouve difficilement des ouvriers dans les villages; aussi me suis-je souvent épargné des heures et même des jours de retard, en ayant à ma portée les moyens de réparer les accidents.

Une pharmacie bien garnie, dans laquelle la bouteille

de quinine occupait une très-large place, était arrangée avec soin dans un des compartiments,—précaution indispensable dans un pays où la maladie fait de si rapides progrès. Non-seulement cette boîte de médicaments m'a été extrêmement utile, mais encore le seul fait que je l'eusse en ma possession inspirait de la confiance à mes gens et surmontait leur frayeur à l'égard des émanations malsaines qui se dégagent de l'épaisseur des forêts.

Mes provisions se composaient principalement de thé, de café, de sucre, d'épices, d'assaisonnements, d'eau-de-vie, de tabac, de biscuits, et de farine séchée au four (la farine du pays ne se garderait pas). Comme le pain se sèche vite et se gâte dans un climat chaud, j'avais coutume de préparer pour mes voyages une espèce de biscote en coupant des pains en petits morceaux, que je faisais cuire au four jusqu'à ce qu'ils eussent pris une teinte légèrement brune. Préparés de cette façon, et conservés avec soin dans des boites en étain, ils restent frais et agréables au goût pendant plusieurs semaines, et constituent une amélioration considérable sur les biscuits indiens pour le déjeuner.

Mon cuisinier avait un talent particulier pour la confection des *chapaties,* sorte de galette cuite sur une plaque de fer, et généralement composée de farine de riz. On peut toujours se procurer les éléments de cette préparation culinaire, même dans le plus petit village; aussi ces gâteaux sont d'un usage très-répandu dans les Indes pour remplacer le pain.

Pendant trois jours, mon temps fut employé à préparer notre expédition, à louer des coolies et à surveiller la fonte des balles pour mes différents fusils. En cas de rencontre avec les éléphants, j'avais quelques balles de cuivre, en outre d'autres balles, que je préfère maintenant infiniment, et qui sont faites d'un mélange de plomb et de zinc. Cette composition, beaucoup plus lourde que le cuivre, est suffisamment dure pour tous les besoins. Je mettais généralement un tiers de zinc contre deux de plomb, et souvent, quand je ne pouvais me procurer du zinc, j'ai employé dans les mêmes proportions de l'étain, que j'ai trouvé bon également[1].

Pour mes fusils de fort calibre, à canons lisses, je me servais de balles rondes, et ordinairement j'en mettais deux dans mon second canon. J'ai bien souvent entendu des personnes critiquer cette pratique comme dangereuse, mais je n'en ai cependant jamais éprouvé de mauvais résultats; mes fusils n'en ont point souffert, bien qu'ils aient plus de douze années de service,

[1] Le vieux chasseur ne connaissait pas encore la balle explosible *Devisme*, qu'il eût certainement adoptée.

et que je tire en général avec une charge de quatre à cinq drachmes de poudre. Pour tirer de près (quand j'ai entre les mains un fusil d'un armurier sur qui je puis compter), je préfère avoir une couple de balles dans mon second canon; et quoique je ne pose point cet usage en principe, je l'ai trouvé des plus efficaces pour arrêter court dans sa charge furieuse un animal blessé.

Je puis, toutefois, faire observer que je m'adresse à un bon armurier, que je paye un bon prix, et que je tiens à recevoir une marchandise de première qualité pour mon argent. J'ai toujours trouvé, en définitive, moins cher d'avoir une arme de premier choix, et je pense que le succès en campagne dépend souvent du degré de confiance que l'on place dans ses armes.

Après ces quelques mots sur mon char et ma batterie, je vais continuer à décrire le reste de mon équipement, attendu que peut-être quelques avis sur le vêtement convenable pour un chasseur pourront être utiles aux novices.

La première règle importante à observer, c'est d'avoir un habillement se rapprochant autant que possible, par sa couleur, de l'aspect général du pays où l'on doit chasser. Ainsi, quand on suit le cerf à la piste, ou que l'on cherche le gros gibier dans les bois avant que les feuilles ne soient tombées, le vert est la meilleure couleur à choisir. Quand les arbres sont nus, il faut le brun foncé, couleur des branches et du tronc. Chassez-vous l'antilope en plaine ou le bouquetin parmi les rochers, le gris américain est la nuance préférable. Si vous faites la guerre à l'ours ou au chamois dans les neiges, vous serez à même de vous rapprocher beaucoup plus du gibier sans être découvert, en mettant, comme je l'ai fait, une chemise par-dessus vos habits. Même pour tirer le canard sur les côtes d'Angleterre, en hiver, on a bien meilleure chance de remplir sa carnassière, si l'on adopte cette manière de se vêtir.

La seconde règle est d'avoir tous ses vêtements faits pour aller bien. Le costume le plus convenable pour la chasse du gros gibier est une longue jaquette, descendant un peu au-dessous des hanches, avec les poches en dehors, et les manches s'attachant, comme celles d'une chemise, au poignet, par une paire de boutons. Elle doit être large, de façon à laisser toute aisance et toute liberté aux membres. Ajoutez-y un long gilet à poches, et des culottes flottantes jusqu'aux genoux, mais serrées au mollet.

Les guêtres, que je voudrais fixées du haut en bas par des boutons de cuir, doivent s'appliquer exactement à la jambe et bien couvrir les bottes. La meilleure étoffe pour les faire est le velours de coton à côtes, la futaine ou la moleskine, quand on ne peut se procurer de la peau de daim convenablement preparée.

J'ai toujours trouvé que les brodequins lacés en peau d'élan étaient la chaussure la plus agréable pour les grandes fatigues, et je préfère les semelles simples, solidement établies, les doubles semelles étant trop lourdes pour courir.

Une casquette de cuir est la meilleure protection pour la tête, quand on chasse la grosse bête dans les jungles de l'Inde, et je conseillerai d'avoir deux visières : l'une devant, l'autre derrière. La première garantit les yeux et le visage contre les épines, la seconde empêche qu'il ne vous tombe quelque chose sur le cou. Dans les bois où abondent les sangsues des arbres, c'est une considération importante, car ces animaux tombent souvent des branches que l'on secoue en passant, et sautent sur votre personne, où elles semblent toutes se diriger instinctivement vers votre nuque. Il est indispensable, quand on voyage dans ces fourrés, de porter des guêtres à sangsues, ou longs bas de coton fins par-dessus les chaussettes (qui devraient être faites de laine d'agneau), sous les bottes et les guêtres et par-dessus les culottes aussi haut que possible. Même avec cette sauvegarde, j'ai trouvé souvent mes bottes et mes bas trempés de sang, le soir, bien que je n'aie pu constater comment ces animaux y avaient pénétré.

Le velours de coton croisé ou à côtes, ou la moleskine m'ont toujours paru d'un excellent usage pour chasser le gros gibier, et j'avais des habillements complets de différentes couleurs pour m'accommoder au terrain sur lequel j'allais en chasse.

Autour de la taille je portais une forte et large ceinture de cuir, avec un anneau de fer solidement attaché par derrière, et auquel je pouvais adapter une corde en soie solide. Je trouvais ce moyen des plus utiles quand il s'agissait de descendre une pente escarpée, ou de passer sur une étroite bordure de rochers à la poursuite du gibier.

A la ceinture, j'avais un petit pistolet à deux coups (un revolver eût été préférable), une double lorgnette de campagne, une petite poche pour les munitions, un sac de cuir contenant un briquet, une pierre à fusil et de l'amadou, et un couteau de chasse droit à deux tranchants, lequel, ainsi que la lorgnette et le pistolet, avait de petits anneaux dans lesquels je passais des cordelettes pour les attacher à ma ceinture et les empêcher de se perdre.

Je portais dans ma poche une épinglette, une clef à cheminées, un tournevis, des cheminées de réserve et un petit instrument pour remplir les cheminées de poudre fraîche.

Chineah, mon premier chasseur, avait un télescope

de Dollond, et une bouteille d'eau-de-vie suspendus aux deux épaules, un couteau de chasse et une petite hache à la ceinture, et ma carabine favorite avec ses munitions. Il s'arrangeait en outre de façon à me garder toujours une paire de chaussettes blanches, que je trouvais un grand luxe après une rude fatigue.

Googooloo, mon meilleur dépisteur de gibier, se tenait toujours sur mes talons avec mon second fusil et portait à la ceinture un couteau, une serpe, pour ouvrir le chemin à travers l'épaisseur des jungles, et quelques cartouches.

Mootoo (par abréviation pour Choury-Mootoo), Veerapah, Narinah et Rungasawmy, traqueurs, portaient chacun un fusil de réserve avec ses munitions et un couteau à scie, une serpette ou une hache à la ceinture.

Ramasawmy (le préparateur de peaux) avait à porter une grande hache de bûcheron et tous les ustensiles de sa profession, et Perriatumbee, que l'on désignait habituellement par le nom plus court du *Gooroo,* à cause de ses prétentions à la magie, était chargé d'une grosse outre de cuir contenant de l'eau.

Je remis à Naga, le Mulliarry que Chineah avait enrôlé dans sa dernière reconnaissance, un fusil avec la serpe et la courte lance qui servaient d'armes à tous mes gens, et leur faisaient non-seulement une protection quand ils étaient isolés, mais aussi une sorte de signe distinctif indiquant qu'ils appartenaient à la troupe de chasse. En sus de mes chasseurs réguliers, je louai quatre coolies pour porter mes bagages dans les sentiers des jungles où ne pouvaient aller les chars ou les chevaux.

J'avais donné l'ordre à mon premier domestique de veiller à ce que chaque homme fût pourvu d'une nouvelle paire de sandales (*chupples*), d'un gilet (*langooty*) de couleur sombre et d'une couverture du pays (*combley-jule*) faite de laine grossière, attendu que je ne pouvais souffrir qu'aucun d'eux fût obligé de s'aliter pour mal aux pieds ou toute autre maladie. Le jour qui précédait leur départ, je passai une revue, dans laquelle chacun d'eux parut avec son nouveau costume, équipé pour le voyage.

B... agit de même à l'égard de ses gens, et nous fîmes dresser nos tentes, attacher aux piquets nos chevaux et nos chiens; nous examinâmes avec soin nos coolies, nos bêtes de somme et nos bœufs, pour nous assurer que nous ne laissions derrière nous rien qui pût nous faire défaut et que tout était en bon ordre.

Nous avions pour nous une grande tente double pour la route, garnie de nattes tressées, une tente de montagne et une tente sans perche (*bachoba*) pour les bois épais, deux pavillons pour nos gens et une grande *shamiana* ou tenture en toile à suspendre entre des arbres, ou à supporter sur des pieux, pour abriter nos chevaux contre la chaleur intense du soleil de midi.

Mon écurie se composait de deux chevaux arabes (excellents pour courir le sanglier par monts et par vaux), *Gooty,* un cheval de chasse mahratte, auquel il ne manquait que la parole, et une jument d'Australie, que je montais généralement en route ou que j'attelais au char quand le chemin était bon. B... avait deux chevaux et deux poneys, et nous avions de plus quatre chevaux de trait et quatre bœufs d'attelage pour nos bagages et nos tentes.

Mes domestiques, qui presque tous étaient musulmans, consistaient en Yacoub-Khan, mon intendant; *Cinq-Minutes,* mon cuisinier; Hassan, mon porteur de pipes; Kassim-Bey et Lall-Khan, deux jeunes gens qui servaient à table et faisaient office de valets de chambre; un batelier, un lascar pour les tentes, quatre palefreniers (*syces*), quatre faucheurs, deux valets de chiens et deux soldats, qui, au cantonnement, passaient pour tenir mon fourniment en état, mais qui, dans une expédition de chasse, se rendaient utiles à tout faire.

La suite de B... se composait de plus d'une douzaine de personnes, si bien que la troupe de chasse, nos domestiques, nos coolies et les gens à la suite du camp formaient un total de quarante individus.

Ils paradèrent tous en tenue de marche pour recevoir une petite avance sur leur paye à laisser à leurs familles, et je leur donnai quelque chose en plus pour le dépenser à faire des cérémonies de caste et offrir des sacrifices à leurs divinités favorites, afin que chacun pût se rendre favorable son dieu et avoir de la chance dans l'expédition projetée.

Le Gooroo se fit beaucoup remarquer en immolant un mouton devant l'image de *Casasouramardanam* (le dieu de la chasse), que l'on représente avec quatre bras, dont deux tiennent chacun une lance et les autres de curieux reptiles. Il est vêtu d'une peau de tigre et assis sur la dépouille d'un éléphant.

IX

LES SHEVEROYS.

Tous étaient dans les meilleures dispositions, et c'eût été un spectacle curieux, pour un étranger venu d'Europe, que de voir le départ de nos gens, comme ils défilaient sur le chemin, en face de mon bungalow, en entonnant un chant improvisé dans lequel ils décrivaient les hauts faits cynégétiques qu'ils allaient accomplir.

En avant marchaient nos huit chevaux avec leurs têtières et leurs couvertures d'écurie, la selle sanglée à demi, chacun d'eux mené par son groom respectif et suivi du faucheur qui portait la bride, des fèves et des ustensiles de cuisine. Ensuite venaient mes deux valets de chiens, l'un conduisant une paire de lévriers anglopersans, et l'autre accompagné de quatre énormes bêtes de race poligar, animaux excellents à lancer contre un cerf blessé et fameux pour mettre aux abois l'ours ou le sanglier. Ils étaient suivis de ma troupe de chasse précédée de Chineah, chaque homme portant un fusil ou une carabine avec une courte lance, et le tout, réuni aux gens de B..., formait une troupe de gaillards solides et dispos, bons pour toute espèce de besogne. Les chevaux de bagages, les bœufs et les coolies chargés de tentes, de boîtes, etc., avec une suite de domestiques et de valets de camp, composaient l'arrière-garde.

Nos gens se rendaient tous à une distance de trois marches en avance sur nous, au village de Totteyum (à trente-cinq milles de Trichy, sur la route de Salem), et devaient y attendre notre arrivée, vu que notre congé n'ayant pas encore paru à l'ordre, nous ne pouvions quitter le cantonnement avant le lendemain. Les autorités de police avaient été préalablement prévenues de nous procurer, tous les cinq ou six milles, des bœufs d'attelage pour que nous ne perdissions point de temps en route. Le lendemain, premier jour de mai, nous assistâmes à une revue, et, après avoir rendu quelques visites PPC aux dames de notre connaissance et dit adieu à quelques-uns de nos camarades, « les hommes les meilleurs qui jamais aient ceint une épée, » nous revêtimes un costume léger et commode consistant en une chemise de mousseline, un long caleçon de soie et des pantoufles. Nous sautâmes dans mon char, et quelques minutes après nous roulions avec une vitesse de cinq ou six milles à l'heure sur la route du nord menant à Salem.

Quand la nuit vint, nous allumâmes notre lampe, et les échecs et l'écarté nous servirent à passer le temps jusqu'à ce que le sommeil commença à venir. Nous nous roulâmes alors dans nos couvertures et nous fûmes bientôt dans les bras de Morphée.

Vers deux heures du matin, nous fûmes réveillés par l'éclat des torches et le bruit des voix, et nous nous trouvâmes arrêtés en face du bungalow des voyageurs, à Totteyum, au milieu de nos gens qui étaient arrivés la veille au soir. Après avoir avalé une tasse de café et allumé des cigares, nous fîmes changer les bœufs au relais et nous fûmes bientôt en route de nouveau, entourés de la troupe de chasse ; nos tentes et les bagages avaient pris les devants.

A huit heures du matin environ, nous arrivâmes au bungalow des voyageurs, à Namkul (à vingt milles de distance), et nous y trouvâmes nos domestiques qui nous attendaient avec un bain et le déjeuner. Nous arrangeâmes ces préliminaires à notre satisfaction, et nous allâmes faire un tour avec nos fusils. Nous tuâmes quelques sarcelles et des bécassines près de la levée d'un réservoir, et nous visitâmes une belle forteresse de l'ancien temps, située près de la ville, et qui fut bâtie jadis par les habitants pour se mettre à l'abri des hordes mahrattes et autres bandes de brigands qui ravageaient alors le pays.

Comme nos gens n'avaient point encore au complet leur équipement de voyage, nous couchâmes à Namkul, d'où nous partîmes le lendemain matin pour Moonoo-Choudy, à quinze milles plus loin, et nous y restâmes pendant la chaleur du jour. Nous profitâmes de la fraîcheur de la soirée pour gagner Malloor, situé à onze milles de là, et nous y passâmes la nuit. Dès le matin nous arrivions à Salem, au galop, et nous descendions chez le capitaine S..., qui commandait le détachement de vétérans indigènes composant la garnison de la station.

Nous visitâmes après déjeuner la boutique du célèbre Arnatchellum, dont les épieux, les haches et les couteaux de chasse sont renommés dans l'Inde entière pour la trempe de l'acier et le fini de la main-d'œuvre. Il demande les prix d'Europe pour toute marchandise, et j'ai trouvé en lui un drôle aussi voleur que les autres noirs de son espèce.

Bien que Salem soit une ville grande et très-peuplée, elle présente fort peu d'agréments, et comme le temps était horriblement chaud, le choléra faisant en outre chaque jour d'affreux ravages parmi les indigènes, je ne me souciai pas d'y exposer mes gens plus qu'il n'était nécessaire, et je les fis partir immédiatement avec les bagages pour Bowani, où ils devaient attendre notre arrivée.

Je gardai près de moi *Cinq-Minutes*, Googooloo, deux domestiques et mon poney, ainsi qu'un des chevaux de B... et le char. J'ordonnai à Chineah et au reste de ma troupe d'aller recueillir tous les renseignements possibles sur le pays autour de Bowani.

Dès que nous les eûmes vus en route, nous fîmes nos préparatifs pour gravir les collines Sheveroy, qui s'élèvent de la plaine à cinq milles environ au nord de la ville de Salem, et montent à six mille pieds au-dessus du niveau de la mer.

Les magistrats, les juges et les percepteurs résident en cet endroit pendant la plus grande partie de l'année, et nous eûmes la chance de pouvoir louer un bungalow meublé appartenant à M. B.,., planteur de café, où nous résolûmes de nous arrêter pendant quelques jours, attendu que B... avait été souffrant à cause de la chaleur excessive.

Un peu avant le coucher du soleil nous commençâmes à monter le défilé par une route en lacet, assez escarpée et coupée à travers les jungles, si bien qu'il faisait presque nuit quand nous alteignîmes le sommet. L'air était délicieusement frais et il nous semblait que nous respirions une atmosphère toute différente de celle que nous avions laissée dans le bas pays. Nous trouvâmes un bungalow très-confortable préparé pour nous; et fatigués de la route nous nous mîmes au lit de bonne heure et goûtâmes toute la nuit un repos réparateur, le premier qui nous fût permis depuis quelque temps, car pendant les plus fortes chaleurs, à moins d'avoir le *punkah* (grand éventail à lit) continuellement en mouvement à côté de soi, on ne peut trouver le sommeil. On se tourne, on se retourne toute la nuit pour se trouver, le matin, épuisé et accablé de lassitude et de langueur.

Je me levai le lendemain tout un autre homme, et voyant que B... dormait encore, j'allai faire un tour dans le jardin pour prendre le frais, par une matinée aussi douce que celle du 1er mai en Angleterre.

Le *cottage* que nous occupions est bâti sur une petite colline ou monticule, et entouré de plantations de café magnifiquement entretenues. Les murs et le toit étaient littéralement couverts de plantes grimpantes odoriférantes, parmi lesquelles je remarquai le chèvrefeuille des bois et celui des jardins, le jasmin, la passiflore et un grand fuchsia aux larges fleurs écarlates. Des fleurs que je n'avais jamais vues dans le pays des plaines semblaient pousser là comme dans leur terrain naturel. Je distinguai dans les parterres, autour de la maison, des primevères, des violettes et des crocus, indépendamment des lis, des roses et des géraniums de toute espèce et de toute couleur. Le jardin potager était rempli de légumes d'Europe, et les choux, les choux-fleurs, les navets, les carottes, les laitues, les pois, les artichauts, les radis, le sénevé et le cresson rappelaient vivement à mon esprit la demeure de mon enfance dans la vieille Angleterre.

B... vint me rejoindre au jardin, et nous étions en train de réunir les éléments d'une salade (grand luxe dans les Indes) quand nous entendîmes sonner sur la route les fers de deux chevaux, et presque immédiatement après, deux planteurs de café D... et B... descendaient de cheval à la porte du cottage et se présentaient à nous.

Dans aucune partie du monde, et j'en ai parcouru plus d'une, je n'ai rencontré cette courtoisie aisée et cette urbanité affable que l'on trouve invariablement parmi les résidents britanniques de l'Inde. Un étranger qui traverse le pays est accueilli avec l'hospitalité la plus généreuse et la plus large partout où il se présente, et cette roideur, cette froide hauteur des manières que l'on considère comme les signes distinctifs de l'Anglais ne se rencontrent guère en Orient. A l'arrivée d'un voyageur dans une station des montagnes, l'usage pour tous les résidents (quel que puisse être leur rang) est d'aller lui faire visite ; de là ces relations amicales et bonnes qui existent partout dans la société anglo-indienne et ne se montrent que rarement ailleurs.

—Nous avons entendu dire que vous étiez montés par ici, nous dit D..., le vrai type de l'Anglais au cœur ouvert et à l'humeur joyeuse,—et ne sachant pas si vous aviez pensé à vous fournir de provisions dans le bas pays, comme vous ne pourriez rien vous procurer ici, j'ai pris la liberté de vous apporter un demi-mouton de mes élèves, des poules et poulets gras, des œufs et de la crème, trois lièvres et quelques couples de perdrix qui devraient être tendres, car elles ont été tuées depuis plusieurs jours.

—Grand merci ! répondit B..., nous ferons certainement honneur au festin, car nous avons été obligés de manger du mouton et des volailles presque au moment où ils venaient d'être saignés, attendu que pendant le jour il était impossible de rien garder en plaine à cause des chaleurs. Harry, préparez-nous donc un verre de bordeaux de votre façon, tandis que je vais m'entendre avec *Cinq-Minutes* à propos du déjeuner, car je pense que nous serons six. J'attends R..., le percepteur, et le juge suppléant ; leurs grooms sont arrivés déjà.

Il achevait à peine de parler qu'ils accouraient au

galop, et quelques instants après nous étions tous assis sous le porche à déguster le breuvage en question, et comme il fut hautement approuvé de toutes les personnes présentes, je vais en donner la recette, pour le plus grand avantage de mes lecteurs, telle qu'elle était pratiquée par le factotum de l'ancien colonel d'Haïderabad, Arab-Mac (célèbre général indien, grand amateur de courses et de chasses), qui se vantait d'avoir la plus belle écurie et la meilleure cuisine de l'Hindoustan :

—« Prenez une bouteille de bordeaux, ajoutez-y trois « grands verres de cognac, deux pleines cuillers à « soupe de sucre, une douzaine de clous de girofle, « les graines de trois gousses de cardamome, un « quartier de noix muscade, un petit brin de bour« rache, une douzaine de feuilles de menthe et quel« ques gouttes de jus de citron, ou ce qui vaut peut« être mieux, un citron coupé en tranches minces. « Laissez reposer vingt minutes, puis ajoutez trois « bouteilles d'eau de Seltz frappée ; mélangez bien le « tout, et servez avec une cuiller à potage au moment « de l'effervescence. »

Après le déjeuner, pendant lequel furent discutés plusieurs projets de chasse, je me rendis avec D... à un village mulliarry, suivi de nos grooms et de Googooloo portant nos fusils, pour consulter deux hommes que l'on disait connaître bien le pays.

Sur la route je tuai deux éperonniers et un lièvre pesant près de dix livres,—presque le double en poids de l'espèce ordinaire des Indes qui ne dépasse guère en moyenne six livres. Je me régalai aussi de framboises sauvages qui poussaient dans les bois en grande abondance.

Dès que nous fûmes arrivés au village, nous trouvâmes les hommes que nous cherchions, et nous apprîmes que des bisons s'étaient montrés la veille dans le jungle situé sur le flanc de la montagne. J'envoyai aussitôt Googooloo et un des Mulliarys suivre la piste et savoir s'ils s'y trouvaient encore. Accompagné de l'autre, je me rendis à un second village où résidait un homme qui connaissait une colline pleine de cavernes habitées par plusieurs ours.

D'après le récit qu'il nous fit, nous résolûmes d'aller y essayer notre chance le lendemain, et, après avoir attendu quelque temps Googooloo, qui ne se montra point, nous revînmes à notre cottage.

Pendant que nous étions à dîner, il arriva et me dit qu'il avait dépisté un beau troupeau de bisons (un mâle et quatre femelles), sur une petite colline isolée, à une faible distance du pied des Sheveroys, qu'il les avait aperçus pendant qu'ils étaient en train de paître, et, qu'après les avoir observés quelque temps, il s'était retiré sans les inquiéter.

Comme ce n'était pas très-loin de l'endroit où l'on isait qu'étaient les ours, nous arrêtâmes, B..., D... et ɔoi, que nous partirions dès le grand matin pour tâher de débusquer les bisons. Le percepteur envoya uelques-uns de ses *peons* (agents de police), rassembler es batteurs, et D... fit descendre une petite tente à un illage où nous avions l'intention de passer la nuit suiante.

Le lendemain, nous partîmes au point du jour; nous escendîmes le défilé, et tournâmes autour de la base es Sheveroys pendant une distance de près de sept nilles, jusqu'à l'endroit où Googooloo nous montra u'il avait rencontré les bisons. Si j'eusse été seul, j'auais sans aucun doute préféré suivre la piste au lieu de aire une battue, mais avec trois compagnons de chasse lont un novice, D...) la question était tranchée d'aance.

Nous trouvâmes que les peons avaient réuni environ uarante coolies et villageois, que j'envoyai avec Gooooloo de l'autre côté de la colline, attendu que j'étais onvaincu que le troupeau, s'il s'y trouvait encore, esayerait de gagner les bois épais situés sur les verants des Sheveroys.

Il y avait deux places par où les bisons semblaient devoir déboucher de préférence; B... se plaça près de une d'elles; nous nous postâmes, D... et moi, près de l'autre. Elles étaient toutes deux sur le bord d'un large torrent pierreux qui serpentait le long de la vallée située entre la colline où se trouvaient les bisons et la chaîne des Sheveroys, et le troupeau devait nécessairement le traverser pour gagner le jungle opposé.

D... avait le plus vif désir de tuer un bison, et je promis de lui laisser le coup si le troupeau perçait dans la clairière près de nous. Il m'ennuyait beaucoup, cependant, par ses mouvements inquiets, car il ne pouvait rester assis tranquillement un seul instant ; et il persistait à tourmenter la batterie d'une vieille carabine, si bien que je dus me résigner à le voir nous tuer par maladresse, moi ou quelqu'autre parmi une demi-douzaine d'indigènes, qu'en dépit de mes observations et à mon grand regret, il avait fait asseoir près de nous. Mon odorat en reçut une atteinte dont il eut quelque peine à se débarrasser, par suite des exhalaisons de leurs corps, de l'huile de noix de coco répandue sur leur chevelure, et de l'ail compliqué de riz aigre qu'ils avaient mangé.

Enfin les bisons se lancèrent en avant, et un beau mâle arriva droit devant nous ; quand il n'était plus qu'à vingt pas, D... le coucha en joue et pressa la détente, mais son arme n'étant qu'un mauvais outil hors de service, rata, et la proie s'en alla dans l'épaisseur des jungles, de l'autre côté du ruisseau.

Je visai rapidement le train de derrière de l'animal endant qu'il remontait le ravin opposé, et je fis feu de a carabine, espérant l'arrêter par un coup de hasard. e déchargeai immédiatement sur lui mon second oup, mais il n'était pas atteint dans une partie vitale t je l'entendis beugler dans sa course effrénée à travers les fourrés, sur le flanc des montagnes.

Nous le suivîmes, D... et moi, pendant quelque emps, et nous trouvâmes par places de larges gouttes le sang indiquant sa voie; mais quand nous fûmes arrivés à un ruisseau où les empreintes montraient qu'il l'avait franchi d'un bond, j'abandonnai la poursuite et je revins vers B..., que nous avions entendu tirer deux coups de feu. Nous le trouvâmes occupé à vider une daine mouchetée qu'il avait tuée et qu'il préparait pour l'emporter. Il avait vu passer trois bisons, mais ils étaient hors de portée pour sa carabine.

Les batteurs se montrèrent alors, et suspendant la daine à de longues perches qu'ils mirent sur leurs épaules, ils l'apportèrent à l'endroit où nous avions laissé nos chevaux. Je choisis une douzaine d'hommes pour nous accompagner parmi ceux qui paraissaient les plus intelligents, et je renvoyai les autres avec des présents en leur disant qu'ils seraient bien payés s'ils nous signalaient du gros gibier. Nous remontâmes à cheval et gagnâmes au galop le village où notre tente avait été envoyée. Nous y trouvâmes *Cinq-Minutes* qui attendait avec impatience notre arrivée, car le dîner allait être prêt.

Nous prîmes un bain des plus rafraîchissants dans un canal sur le bord duquel notre tente avait été dressée, à l'ombre d'un superbe banian, et nous fîmes ensuite honneur au repas. Le pauvre D... était furieux contre sa vieille carabine ; et je lui épargnai les plaisanteries que je m'étais réservé de lui faire à propos de l'agitation nerveuse qu'il avait montrée pendant que nous attendions le débûcher des bisons.

Après le dîner, j'envoyai chercher le chef du village et je lui fis part de notre intention de partir dès le grand matin pour la chasse à l'ours ; nous fûmes agréablement surpris de trouver qu'il nous avait déjà préparé des gens qui connaissaient les tanières et nous y accompagneraient.

Nous réunîmes tous nos hommes en cercle et fîmes la distribution habituelle de grog et de tabac, après quoi nous écoutâmes tout ce qu'ils avaient à dire sur le gibier qui se trouvait dans le pays et sur la manière la plus avantageuse de le chasser. Quand j'eus recueilli tous leurs avis, je résolus de partir une heure avant le point du jour pour la colline où l'on disait qu'étaient les ours, et qui se trouvait à peu près à un *coss* ou deux milles du village, et d'y attendre leur retour à leurs cavernes. Dans cette partie du pays, pendant la saison chaude, les ours parcourent les bois, la nuit, pour chercher leur nourriture et regagnent le matin leurs tanières, où ils restent pendant la chaleur intense du jour pour sortir de nouveau dès que le soleil se couche. Ils se nourrissent principalement des fruits sauvages des jungles et de fourmis blanches qu'ils dévorent par milliers, en creusant un trou avec leurs griffes et en les tirant de leur fourmilière. Ils aiment aussi passionnément le miel, et se montrent merveilleusement habiles à trouver des ruches d'abeilles sauvages qu'ils vont chercher jusque sur les grands arbres.

X

CHASSE A L'OURS.

Le lendemain, nous étions tous debout et équipés pour la chasse, à deux heures du matin; et après un déjeuner substantiel, nous partions pour la colline des ours, à pied, attendu que les villageois disaient que la route était difficile pour les chevaux.

Dans la belle saison, la nuit n'est jamais complètement obscure, et nous nous dirigeâmes facilement en avançant en file indienne. Le sentier était très-étroit, et en certains endroits il nous fallait ramper sur les mains et les genoux.

Nous arrivâmes au pied de la colline quelque temps avant le lever du soleil. Je fis faire halte à la troupe, qui comptait environ vingt coolies et villageois, je recommandai à B... de veiller à ce qu'aucun d'eux ne s'écartât, et à ce que chacun se tînt tranquille, tandis que je poussais une reconnaissance en avant, accompagné de Googooloo, du Mulliarry et de deux villageois qui connaissaient les cavernes des ours.

Bien que la colline n'eût pas plus de huit cents pieds de haut, elle était très-escarpée, et l'ascension était rendue plus difficile par les blocs de rochers entremêlés parmi les buissons épais. Enfin nous parvînmes à remonter le lit desséché d'un torrent, dans lequel nous remarquâmes des voies d'ours en plusieurs endroits; et après avoir escaladé maints rochers, nous arrivâmes au sommet, qui consistait en un petit plateau couvert de touffes d'herbes grossières.

Comme nous avancions, Googooloo s'arrêta soudain, poussa son grognement habituel pour attirer l'attention, et me montra du doigt deux ours au pied de la colline. Aidé de ma lorgnette, je pus voir qu'ils étaient occupés à fouiller la terre; je mis le Mulliarry en faction pour surveiller leurs mouvements, et je me dirigeai vers les cavernes où je remarquai sept entrées.

J'envoyai un des villageois avec Googooloo chercher le reste de la troupe, tandis que l'autre villageois et moi nous fermions les deux plus petites ouvertures avec des broussailles et des fragments de rocher.

Je plaçai B... sur un roc qui commandait les deux entrées de la plus large caverne. Je fis garder les autres par D... et quelques villageois armés de fusils, et j'envoyai une demi-douzaine d'hommes grimper sur différents pics, du haut desquels ils pouvaient surveiller tout le pays d'alentour.

Quand tout le monde fut à son poste, j'allai avec Googooloo trouver le Mulliarry qui surveillait les deux ours. Ils étaient à la même place où nous les avions vus d'abord.

Accompagné de Googooloo, qui portait mon second fusil (un canon lisse, calibre de huit), je me glissai en bas de la colline aussi doucement que possible, en me dirigeant vers un large rocher qui me semblait être à une courte distance de l'endroit où j'avais vu les ours.

Je fus quelque temps avant de pouvoir y arriver, à cause de l'épaisseur des taillis, et nous dûmes nous frayer un chemin à travers des masses profondes de lianes entrelacées. Nous atteignîmes enfin le rocher, et l'œil rapide de Googooloo eut bientôt découvert nos deux amis tout occupés de leur besogne et fouillant une fourmilière.

Nous nous coulâmes avec précaution en cherchant le couvert des rochers et des buissons, jusqu'à ce que nous fussions arrivés à quinze pas des deux ours sans avoir été aperçus. Je surveillai leurs mouvements, en attendant une occasion favorable. Dès qu'elle se présenta j'envoyai une balle de carabine derrière l'épaule d'un des deux ours, qui roula plusieurs fois sur lui-même agonisant. Je déchargeai mon second coup sur l'autre, et la balle, frappant les fausses côtes, renversa la bête pour le moment. Elle se releva toutefois, se dressa sur ses hanches en poussant un cri singulièrement triste, et regardant autour d'elle de la manière la plus désolée. Cette position m'offrait un très-beau coup, et je l'achevai avec une balle de mon second fusil.

Après s'être assuré que tous deux étaient morts, Googooloo grimpa sur un grand arbre qui était près de là, et attacha la toile du turban du Mulliarry, comme un drapeau, à l'une des plus hautes branches pour servir d'indication aux coolies quand ils viendraient ramasser le gibier; il enleva aussi une griffe à la patte droite de devant de chaque ours pour marquer qu'ils m'appartenaient.

Tandis que nous revenions le long du torrent vers les cavernes où étaient postés B... et D..., j'entendis rouler des pierres tout près de nous en arrière. Je sautai sur un large bloc de rocher, et je vis trois ours qui remontaient lentement dans le lit du torrent en suivant la même direction que nous. Je fis signe à Googooloo et au Mulliarry de se cacher, et je me blottis derrière le rocher jusqu'à ce qu'ils fussent passés, car je désirais que mes amis eussent aussi quelques coups à tirer, et les ours se dirigeaient évidemment de leur côté.

A peine ces trois animaux venaient-ils de passer, que Googooloo m'en signala deux autres qui gravissaient la colline par le même chemin. Je me tins derrière le rocher pour ne point les effaroucher, et je lâchai la détente à droite et à gauche quand ils passèrent à quelques pas de moi. Tous deux furent grièvement atteints derrière l'épaule, et chacun doit s'être imaginé que l'autre était la cause de sa blessure, car ils s'attaquèrent réciproquement en poussant des grognements féroces, et tout en s'étreignant ils roulèrent en bas de la colline à une certaine distance. Je les suivis avec mon second fusil. L'un des deux était mort, et l'autre se tenait penché sur lui dans l'état le plus piteux. Il était trop blessé pour s'émouvoir de mon approche, bien qu'il continuât à gronder d'une manière effrayante. Je mis fin à sa souffrance au moyen d'une balle derrière l'oreille.

Je venais à peine de recharger une de mes armes, quand j'entendis une décharge de plusieurs coups de fusil au sommet de la colline où mes amis étaient postés, et presque immédiatement un cri du Mulliarry, que je vis sauter dans le fourré, juste assez à temps pour éviter la charge d'une ourse énorme qui se précipitait au bas du torrent. J'étais sur le chemin de la bête, et avec un cri de rage elle s'élança droit sur moi. Je tirai à la tête avec le seul fusil que j'eusse eu le temps de recharger, et je ne réussis pas à l'arrêter. En un clin d'œil elle m'avait renversé et se tenait sur moi.

La pente de la colline était rapide, et nous roulâmes plusieurs fois ensemble ; j'avais presque perdu la respiration, quand Googooloo se précipita sur elle avec sa serpe, et s'efforça d'attirer son attention. Heureusement il était impossible à l'animal de me mordre, car ma balle lui avait brisé le museau et la mâchoire inférieure. En outre, ma tête se trouvait protégée par une casquette en peau de bison, et en me cramponnant des deux mains à sa fourrure, les bras passés sous ses pattes de chaque côté, j'étais à l'abri de ses griffes. Je luttai dans toutes les règles contre elle pendant quelque temps. Mais, bien que je misse en jeu toute ma science, et que je l'eusse renversée plusieurs fois sur le dos en lui *passant la jambe*, elle ne lâchait pas prise, et j'étais presque étouffé par le sang qui coulait de sa blessure et me couvrait la figure, la barbe et la poitrine.

Googooloo lui portait des coups furieux avec sa serpe (la seule arme qu'il eût ; il avait prêté son couteau à D...), mais je lui ordonnai de cesser, attendu qu'il ne semblait pas faire grand mal à la bête, et que je craignais d'être blessé par lui involontairement.

A la fin l'ourse parut s'affaiblir par la perte de son sang. Je parvins alors à tirer mon couteau et à le lui enfoncer sous l'aisselle. Elle m'étreignit de nouveau avec rage, puis tomba sur le côté en m'entraînant avec elle. Ce fut son dernier effort ; je me relevai presque hors d'haleine, mais sans trop de blessures, car je n'avais reçu qu'un léger coup de griffe sur les reins, et un autre un peu plus grave sur le cou-de-pied.

Je pris mon pistolet que je n'avais pu saisir jusque-là, pour lui donner le coup de grâce, mais il n'en était plus besoin ; la partie était finie et mon adversaire mort.

Couvert de sang et de poussière de la tête aux pieds, je dus présenter un aspect assez comique à B... et à D..., qui descendaient à la poursuite de l'ourse, que ce dernier avait légèrement blessée avant qu'elle se précipitât sur moi. Le Mulliarry leur avait dit en s'enfuyant de leur côté qu'il m'avait vu tuer par la bête. Googooloo, furieux de la couardise qu'il avait montrée, lui sauta à la gorge, et nous eûmes quelque peine à l'empêcher de l'étrangler.

Un des coolies m'apporta l'outre à eau et je me lavai la figure, puis je bandai mon pied au moyen d'une compresse. Les griffes de l'ourse avaient déchiré la guêtre, la botte et le bas, en pénétrant d'un demi-pouce dans la chair. Je m'efforçai ensuite de gravir la colline, mais non sans peine, car j'avais le derrière de la tête, les bras, les épaules et les genoux douloureusement meurtris.

De son côté, B... avait tué deux ours et D... avait pris un ourson vivant.

Nous restâmes en cet endroit une demi-heure encore.

Tout à coup, nous aperçûmes une autre femelle avec deux petits de taille moyenne, qui s'avançaient en trottinant. Une décharge générale les coucha net par terre.

D... courut ensuite à la chasse des deux autres ours que nous avions vus monter la colline. Il tua l'un des deux et blessa grièvement l'autre, qui parvint je ne sais comment à se dérober.

Le soleil était alors bien haut sur l'horizon, la brise avait cessé, pas un souffle n'agitait l'air. Un mirage s'étendit sur la plaine, et les collines boisées parurent s'élever comme autant d'îles éloignées. La chaleur devenait de plus en plus accablante, et elle sévissait dans toute son ardeur avant que nos coolies fussent parvenus à réunir au pied de la colline le gibier qui se composait de quatre ours, de cinq femelles, de deux oursons de taille moyenne et du petit pris vivant par D...

Un certain nombre de gens du village ayant appris notre chasse, vinrent nous aider à rapporter notre butin, et mon domestique eut la bonne pensée d'amener mon cheval, ce dont je fus enchanté, car mon pied me faisait cruellement souffrir.

Je surveillai la préparation des peaux, laquelle consistait à les étendre largement sur le sol, en les fixant au moyen de chevilles, sous les rayons du soleil, et à les frotter avec des cendres de bois, de l'huile de noix de coco, du safran et du savon à l'arsenic.

Cela fait, je laissai B... et D... continuer leur chasse à l'ours quelques jours encore, et je regagnai à cheval mon cottage pour me confier aux bons soins du docteur.

XI

BOWANI.

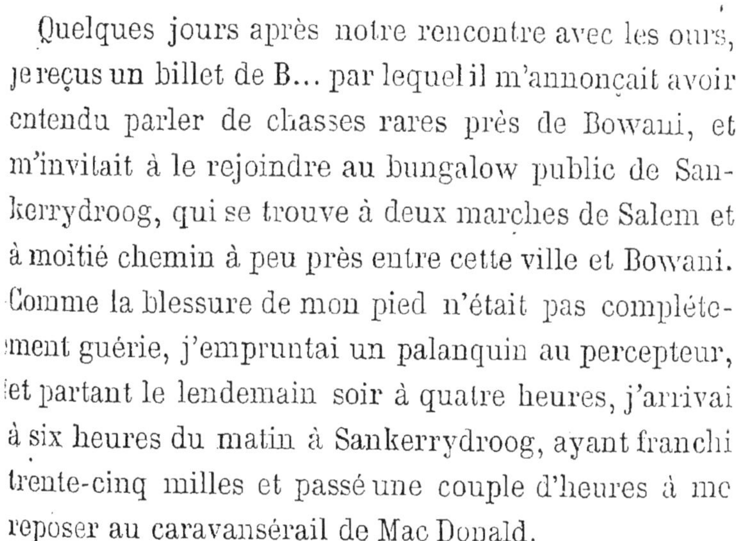

Quelques jours après notre rencontre avec les ours, je reçus un billet de B... par lequel il m'annonçait avoir entendu parler de chasses rares près de Bowani, et m'invitait à le rejoindre au bungalow public de Sankerrydroog, qui se trouve à deux marches de Salem et à moitié chemin à peu près entre cette ville et Bowani. Comme la blessure de mon pied n'était pas complétement guérie, j'empruntai un palanquin au percepteur, et partant le lendemain soir à quatre heures, j'arrivai à six heures du matin à Sankerrydroog, ayant franchi trente-cinq milles et passé une couple d'heures à me reposer au caravansérail de Mac Donald.

Je trouvai que les dépouilles de deux ours et d'un

bel axis avaient été prises pendant mon absence, et B... m'informa qu'on avait vu depuis quelques jours rôder autour du vieux fort un gros guépard ; qu'on était enfin parvenu, la veille, à le traquer dans une caverne située à mi-côte de la colline, et que les villageois avaient amassé de grosses pierres à l'entrée pour l'empêcher de sortir.

Après le déjeuner, nous gravimes la colline ; mon ami B... et le percepteur à pied, armés de carabines, et moi monté sur mon petit cheval favori *Gooty*, avec un épieu et mes fameux chiens *Ali* et *Hassan*, moitié poligars et moitié limiers.

Nous arrivâmes bientôt à l'entrée d'une caverne qui avait environ quatre pieds de diamètre, et, après avoir vainement examiné les empreintes, quelques-uns des villageois qui étaient avec nous renversèrent les pierres accumulées à l'ouverture.

B... et le percepteur, précédés d'un domestique armé d'une torche, pénétrèrent à l'intérieur ; mais ils furent presque aussitôt après obligés de revenir sur leurs pas, à cause de l'air vicié et de l'odeur insupportable qui remplissaient la caverne. Nous plaçâmes alors une botte de paille en dedans, et nous y mîmes le feu, espérant chasser ainsi la bête par la fumée, mais nous n'obtînmes aucun bon résultat, bien que B... crût entendre une sorte de gémissement à l'intérieur.

Nous lançâmes ensuite plusieurs fusées et des pétards, qui eurent pour effet de déloger des centaines de petites chauves-souris très-curieuses, à quatre oreilles.

Voyant qu'aucun de ces moyens ne pouvait faire sortir le guépard, j'envoyai mes deux chiens forcer la bête, et immédiatement je reconnus que la caverne était habitée, car Ali donna de la voix dès l'entrée, et peu après nous entendîmes des hurlements lugubres et d'étranges bruits sourds dans les entrailles de la terre. Je commençais à être inquiet pour mes chiens, quand tout à coup retentit un grand vacarme, et je vis mon pauvre ami D... (qui malgré mes avis persistait à rester debout juste en face de l'entrée de la caverne) renversé sur le dos par une énorme hyène mâle ; en un clin d'œil, la femelle, deux petits et mes deux chiens passèrent sur lui.

Ils dégringolèrent à toute vitesse la colline, et traversèrent quelques champs cultivés. B... tira deux coups au passage et doubla la femelle ; je descendis la colline le mieux que je pus, et, après une course de quelques minutes, Gooty m'amena près du mâle, qui luttait vainement pour se débarrasser de mes chiens, dont l'un l'avait saisi par l'oreille tandis que le second le tenait de l'autre côté à la gorge. Comme je ne voulais point courir la chance de voir l'un ou l'autre blessé, ou mordu, je plantai mon épieu entre les épaules de la bête, et je finis ainsi la partie ; après quoi, j'allai rejoindre le pauvre D..., que je trouvai tout brisé de sa chute, le menton et le cou considérablement endommagés par les griffes des animaux, quand ils avaient passé en courant sur lui.

Nous revînmes au bungalow, convaincus que les villageois avaient pris l'hyène pour un guépard ; et, après que mon ami se fut lavé et pansé, nous montâmes tous les trois dans mon char à bœufs, et nous arrivâmes à Bowani peu après le coucher du soleil. Nous y trouvâmes la mère Garrow et son brun cortége de bayadères de la pagode, qui attendaient notre arrivée au bungalow public, situé très-agréablement sur les ruines d'un vieux fort, lequel, ainsi qu'une grande et très-célèbre pagode, consacrée au culte de la déesse Bowanie (la divinité des Thugs), est bâti au confluent des rivières Cauvery et Bowani.

Le lendemain matin, nous allâmes faire une promenade avec nos carabines le long des bords de la rivière, où Chineah avait vu la veille plusieurs alligators se chauffer au soleil sur un banc de sable, mais, bien que nous vîmes un grand nombre d'empreintes de leurs griffes énormes, creusées dans le sable près du bord de l'eau, nous n'aperçûmes aucun d'eux.

En dépit des réflexions du docteur Johnson, je résolus d'essayer un nouveau genre de pêche à la ligne. Je retournai au village, et je commandai au forgeron de me faire deux larges hameçons barbelés au bout d'une couple de fortes chaînes, que j'attachai aux câbles de renfort de ma tente, et, pour flotteurs, je pris des blocs de bois de manguier, très-léger sur l'eau. Je me fis ensuite accompagner d'un savetier de village, paria de la dernière classe, avec une paire de jeunes cochons, et mon domestique apportait en même temps une certaine quantité de mouton cru pour servir d'appât.

Tous mes arrangements pris, je revins à l'endroit où j'avais laissé mes amis couchés à l'ombre et je leur expliquai mes intentions. Je passai les cordes par-dessus les fourches des arbres; j'appâtai mes hameçons et je les lançai dans la rivière. Le savetier saisit bientôt mon idée, et, en mordant le bout de la queue des cochons, il provoqua une musique mélodieuse, qui eut promptement l'effet désiré, en attirant les alligators vers cette partie de la rivière. Je jetai plusieurs morceaux de mouton dans le courant, et, très-peu de temps après, plus d'une douzaine de ces bêtes énormes pataugeaient aux environs, et se disputaient les uns aux autres la viande que je leur offrais.

Enfin, l'un de mes flotteurs reçut une secousse (plus qu'une simple morsure) et disparut sous l'eau. Mes chasseurs et des villageois saisirent la corde, et à grand'peine nous hissâmes l'animal sur le bord de la rivière, où il commença à se rouler dans le sable, en essayant de vomir l'appât et en donnant de tous côtés des coups de queue tels, que je craignais de le voir couper la corde et s'échapper.

Je le renversai à l'aide de ma carabine, et je fis avec difficulté glisser sur sa tête un nœud coulant; quelques minutes après, mes gens lui avaient attaché la gueule avec une forte corde et replié les pattes sur le dos, ce qui permit de le traîner plus loin en triomphe.

En moins de deux heures, nous parvînmes à en prendre quatre autres, dont le plus grand avait un peu plus de onze pieds de long. Nous les laissâmes ensuite en liberté dans la plaine, et, montant à cheval, nous les tuâmes avec nos épieux, qui entraient assez facilement dans la gorge, derrière les épaules et sous le corps. Nous trouvâmes qu'une balle de carabine forcée perçait sans difficulté toutes les parties du dos ou de la tête, que certains écrivains prétendent être à l'épreuve des balles.

Le soir nous eûmes encore une danse de bayadères, qui se prolongea jusqu'à près de minuit, et, après avoir distribué nos *largesses* aux prêtresses de Terpsichore, nous allâmes nous mettre au lit.

Le lendemain, nous partîmes pour Andior, afin de

gagner les jungles de Bombei ; et, comme la distance était à peine de douze milles, nous résolûmes de chasser le long de la route le menu gibier qu'on disait être abondant, pendant que nos chevaux nous suivraient, au cas où l'un de nous se trouverait fatigué.

Mon petit cheval Gooty était un poney de chasse complétement dompté, et, bien que le système Rarey n'eût pas encore été révélé, une entente parfaite existait entre nous. Il venait à mon appel ou au coup de sifflet, et se tenait immobile au premier ordre ; il me laissait faire feu entre ses deux oreilles sans bouger ; il allait à l'eau comme un canard ; il était parfait pour courir à travers monts et ravins, et n'avait peur de rien ; en un mot, il pouvait tout faire, et il ne lui manquait que la parole. Il m'était tombé entre les mains d'une étrange façon. J'étais campé hors du village de Nandeir, sur la route d'Haïderabad à Seetabuldee, et je me trouvais fatigué et brisé de lassitude pour être venu à cheval de Mudnoor, à vingt-deux milles de là, pendant la chaleur du jour.

Je me reposais sur un tapis étendu devant ma tente, en savourant le parfum enivrant de mon hookah, et je m'amusais à causer avec quelques filles musulmanes qui passaient et repassaient près de moi, pour aller puiser de l'eau à la rivière Godavery, lorsqu'un vieillard, à l'air vénérable, avec une grande barbe d'argent qui lui descendait sur la poitrine, et revêtu du costume d'un fakir ou d'un derviche, survint en menant en main une jument alezane, et m'accosta avec la salutation ordinaire en me demandant, *Allah ka nam se* (au nom d'Allah), que je voulusse le secourir. Il me prit évidemment pour un *fidèle*; car, outre que je parlais couramment la langue du pays, je portais le costume des habitants, qui se composait d'une tunique de mousseline, de longs caleçons brodés de soie et d'un turban, de plus, mon teint, naturellement brun, s'était encore considérablement noirci par une continuelle exposition au soleil. Il me dit qu'il avait quitté le monde, c'est-à-dire ses femmes et sa famille, et consacré le reste de ses jours au service de Mahomet; mais que, « depuis peu, de sombres nuages avaient passé sur le jardin de sa destinée, et que les fleurs de l'espérance s'étaient desséchées. » Il se rendait de Boregaum, sur la rivière Wurdah, à Haïderabad, pour assister à la fête du Mohrum, dans cette fameuse capitale musulmane, mais il avait été retenu par la maladie sur la route; ses ressources étaient presque épuisées, et, de plus, le dos de sa jument, qui lui avait été donnée par le nabab d'Oomraootce, à l'occasion du retour de son fils à la santé, se trouvait écorché au point qu'il ne pouvait plus la monter, si bien qu'il ne savait plus comment continuer son voyage.

Sa jument paraissait un pur sang de la race mahratte, et avait au garrot une plaie en suppuration, presque de la largeur de la paume de ma main ; sur le moment, je pensai que la blessure était incurable et que l'animal ne pourrait plus servir. J'en offris néanmoins dix roupies, que le vieillard accepta très-volontiers. J'avais un vieux palefrenier arabe, fameux pour sa connaissance des herbes, et, grâce à ses soins, la jument se rétablit rapidement. *Gooty* était un de ses descendants par *Chunda lal* (la Lune rousse), magnifique arabe alezan d'une généalogie remarquablement pure, et bien connu dans les États du Nizam comme le vainqueur du grand steeple-chase de Moul-Alli.

Gooty prouva bientôt qu'il chassait de race ; il commença sa carrière en remportant le prix des poneys, le prix de Galloway, et le prix de la course de haies à Haïderabad, sous le nom du *Corsaire rouge;* il battit ensuite en deux courses le célèbre poney noir D. I. O., appartenant au général W..., et il se distingua à Bellary et à Bengalore, où il fit entrer plus d'un mohur d'or dans la poche de son maître, en se montrant toujours excellent entre tous. Son plus grand exploit, toutefois, fut accompli à Gooty (dont il a gardé le nom depuis), lorsqu'il transporta son maître sain et sauf, depuis le bas de l'escarpe roide et rocheuse de ce fameux fortin jusqu'à la prison, située à l'extrême sommet, et le redescendit de même. Cette prouesse, essayée souvent, n'avait jamais été réalisée de mémoire d'homme. Un vaillant officier du 48e avait fait mettre une plaque de cuivre sur un rocher, à moitié chemin environ, pour rappeler qu'il était parvenu à cette hauteur, sur un cheval nommé Lampyre.

Bien qu'il ne mesurât que treize mains deux pouces, Gooty était excellent coureur dans un pays difficile ; il suivait le sanglier avec passion, et il s'élançait comme un lévrier à la poursuite d'un lièvre.

Mais revenons à nos moutons. Nous traversâmes des terrains couverts d'herbes et de broussailles où abondait le menu gibier à tel point, qu'en moins de quatre heures nous nous trouvâmes fatigués de chasser, après avoir tué sept outardes, trente-neuf lièvres, neuf paires de perdrix et trois de cailles grises. Le soleil nous lançait des rayons d'une ardeur intolérable, et nos batteurs commençaient à montrer des signes non équivoques d'épuisement. Nous nous rendîmes sous l'ombre d'un large peepul, et nous étions en train d'y goûter le *kieff* à l'orientale (mot turc signifiant un état d'existence rêveuse, quand le corps est immobile, tous les sens en repos et l'esprit endormi), tout en savourant des cigares et des grogs, lorsqu'un villageois, qui passait par là, nous dit qu'il venait de voir un grand troupeau d'antilopes, dans une plaine située à deux milles environ plus loin.

Nous chargeâmes nos carabines, et, après quelques minutes d'une course au galop, nous arrivâmes à l'endroit indiqué, et nous vîmes un troupeau se composant d'environ soixante femelles et sept ou huit mâles, qui se distinguaient aisément par leurs longues cornes en spirale et leur couleur beaucoup plus foncée. Ils nous aperçurent presque immédiatement, et notre apparition soudaine parut leur causer une sorte de consternation; les femelles se réunirent en corps derrière les mâles, qui se tenaient comme en sentinelle et surveillaient nos mouvements avec soin, bien que nous fussions au moins à six cents mètres de distance. Je vis au premier coup d'œil qu'ils étaient très-sauvages, et que la plus grande précaution serait nécessaire pour les approcher à portée; nous revînmes donc lentement sur nos pas, jusqu'à ce que j'eusse vu, au moyen de ma lorgnette, qu'ils avaient cessé de s'occuper de nous.

J'indiquai à mes amis un endroit où ils pouvaient se poster sous le couvert de quelques buissons, tandis que j'essayerais d'arriver jusqu'au chef du troupeau, un beau mâle noir avec un bois superbe, et de rabattre, si c'était possible, les autres vers l'embuscade de mes amis. Je retirai ma casquette de chasse blanche, et j'y substituai une coiffure composée de plantes grimpantes;

je coupai un certain nombre de baguettes pliantes que j'entrelaçai, de manière à en former une espèce d'écran, dans lequel j'enfonçai des branches vertes pour le faire ressembler autant que possible à un buisson, et en y laissant une ouverture où pourrait passer ma carabine. Cela fait, je m'avançai en me tenant sous le vent, jusqu'à ce que je fusse arrivé à cinq cents mètres du troupeau qui broutait, insoucieux du danger.

Je me couchai là quelque temps, de tout mon long sur la terre, derrière mon écran, et, braquant ma lunette de campagne, j'examinai le troupeau pendant un moment avant de pouvoir distinguer la position du chef, que j'aperçus enfin étendu et occupé à ruminer à quelque distance des autres. Je me glissai doucement en avant, parfois courbé en deux, parfois rampant sur les mains et les genoux (ce qui ne laisse pas que d'être extrêmement pénible), et j'arrivai ainsi à deux cents mètres de lui; mais, me sentant hors d'haleine, je dus m'arrêter quelques instants. Dès que j'eus repris ma respiration, je continuai lentement à m'avancer jusqu'à cent vingt mètres de distance; là je m'aperçus, à un mouvement du troupeau, que mon buisson ambulant avait excité quelques soupçons.

Les antilopes commencèrent à se réunir et à tendre le cou dans ma direction; cette manœuvre fut immédiatement aperçue et comprise par le chef, qui bondit sur ses jambes, piétina, puis s'avança de cinq ou six pas vers moi en aspirant l'air. Cette position m'offrait un beau coup à tirer. Je levai ma carabine et pressai la détente juste au moment où il poussait un cri (le signal d'alarme pour le troupeau). Ce fut son dernier appel, car mon canon rayé fut fidèle, — la balle siffla et lui entra au cœur; il fit un saut énorme et retomba mort. Je tirai mon second coup dans le troupeau, qui était en pleine retraite, et je jetai bas une femelle, dont ma balle brisa les fausses côtes près de l'épine dorsale. Sautant ensuite sur Gooty, que m'avait amené mon groom, je suivis le troupeau en le chassant vers l'endroit où mes amis se tenaient cachés. Tous deux tirèrent : B... tua un jeune mâle à une longue portée, et le percepteur eut pour sa part une femelle, après avoir manqué deux coups superbes.

Nous ramassâmes le gibier, et nous revînmes à Andior, où nous trouvâmes nos tentes dressées à l'ombre d'un magnifique manguier, et non loin d'une vieille pagode ruinée, sur les murs de laquelle se tenaient quelques vingtaines de singes de l'espèce commune, qui nous montraient les dents, jacassaient et faisaient mille grimaces sur notre passage.

On raconte une curieuse histoire d'un détachement d'infanterie indigène qui fit venger, par une colonie de ces singes, l'insulte que lui avaient faite les habitants de Trippasore, dont la plus grande partie se compose de brahmines. Les soldats étaient en route pour la présidence, où ils escortaient le trésor, et les bunnias, ou marchands de grains, avaient haussé considérablement le prix du riz la veille du jour où ils avaient traversé leur ville. Nos cipayes étaient furieux, mais ils dissimulèrent leur colère jusqu'à leur retour de Madras, où chaque homme avait empli son sac de riz et de fèves douces. Quand ils repassèrent par la ville, ils jetèrent ces légumes sur les toits des maisons où vivaient des centaines de singes. Il en résulta une scène des plus drôles; immédiatement les tuiles tombèrent comme grêle dans les rues, et le jeu ne cessa que lorsque la plus grande partie des maisons eut été découverte. En effet, les singes, qui trouvaient les grains glissés sous les tuiles, soulevaient celles-ci et les jetaient en bas, le grain descendait sous la tuile inférieure, qu'ils enlevaient encore, et ainsi de suite, jusqu'à ce que le toit eût été démoli. Les brahmines étaient consternés, mais ils n'osaient se plaindre, car le singe est considéré comme un animal sacré, à cause de l'incarnation du dieu Hanimann.

Après avoir absorbé quelques verres de bass à la glace, le meilleur breuvage pour l'Inde, B..., qui était pêcheur, se rendit à un réservoir du voisinage. Dans le cours d'une demi-heure, il amena sur le bord une douzaine de beaux *murrels* (espèce de poisson vorace ressemblant un peu au brochet), de quatre à huit livres. En les ouvrant, nous les trouvâmes remplis de sangsues, aussi nous les refusâmes pour notre table, à la grande satisfaction de Chineah et de mes chasseurs, qui les déclarèrent délicieux.

XII

LES JUNGLES DE COMBEI.

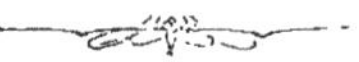

Se lever de bonne heure le matin après une rude fatigue du jour précédent est, en tout temps, une opération pénible, mais plus spécialement pendant la période de chaleurs intenses qui précède l'arrivée de la mousson aux Indes. C'est alors que le sommeil, le doux sommeil est banni de la couche de l'homme fatigué, qui s'agite et se tourne, inquiet et fiévreux, dans une situation d'esprit irritable, les os endoloris, accablé de lassitude et d'épuisement tout le long de la nuit, incapable même de s'assoupir un instant jusqu'à ce que se lève la brise rafraîchissante du matin. Être réveillé subitement devient, en pareil cas, un martyre, et arracher sans motif un homme au sommeil à pareille heure, c'est le rendre absolument irresponsable de ses actions.

Mon domestique *Cinq-Minutes*, chargé de nous éveiller le matin, savait bien qu'à pareil moment les maîtres sont de l'humeur des ours, car il avait eu autrefois à esquiver plus d'une botte, plus d'un chandelier et plus d'une bouteille d'eau de Seltz vide, pour avoir essayé de faire lever pour la parade quelque officier endormi après une nuit passée à se divertir avec ses camarades. Or, comme *Cinq-Minutes* était un noir bien avisé, il ne s'exposait plus maintenant à ce service périlleux sans s'être muni de quelque mélange émollient et revivifiant à la fois, propre à adoucir les mœurs de l'homme; tel qu'un verre de bordeaux bien glacé, de l'eau de Seltz et de l'eau-de-vie, ou du *lait de tigre* qui, mieux que toutes les « douces paroles, » parvenait, en un clin d'œil, il le savait bien, le vieux nègre, à dissiper la plus violente colère.

Comme cette dernière composition passait à bon droit pour la plus efficace, je vais en donner la recette, et si les dames pourvues de maris chagrins veulent essayer seulement une fois le procédé de *Cinq-Minutes*, et administrer à leur époux une dose de *lait de tigre* avant de demander *de quoi* régler le petit compte des crinolines, etc., elles verront que le breuvage opère sur la corde sensible de la tendresse humaine bien mieux que toutes les câlineries et toutes les douceurs auxquelles (trop vite, hélas!) les hommes s'habituent.

Recette :—battez bien trois jaunes d'œufs avec une demi-pinte d'eau-de-vie, un verre de sucre, un zeste de citron, une douzaine de clous de girofle et des cardamomes; ajoutez-y une mesure de lait chaud; mélangez; râpez le tiers d'une muscade, et servez dans un pot qui ne doit quitter les lèvres qu'après épuisement complet du liquide.

Quand *Cinq-Minutes* pensait que son maître était fatigué de sa nuit et ne serait pas disposé à se lever le matin, il préparait avec soin une dose de ce mélange insinuant, et se glissait sans bruit au chevet du lit où il se tenait immobile, le bol en main, pendant que le valet de chambre enlevait la couverture, passait au dormeur inerte ses bas et ses bottes, et lui massait les membres jusqu'à ce qu'il fût éveillé. A peine commençait-il à se frotter les yeux, qu'on lui présentait la potion calmante, et ses effets bienfaisants se manifestaient presque immédiatement, car il se laissait aussitôt vêtir de la tête aux pieds, comme un enfant bien sage, et trouvait ensuite un cigare aussi doux que du lait.

La poursuite des antilopes m'avait mis sur les dents; je me sentais un peu roide à mon lever, mais, après le breuvage du matin, un plongeon dans le réservoir de la pagode et quelques bouffées d'un excellent cigare, la lassitude disparut, et nous montâmes à cheval pour nous rendre à Combei, village éloigné de quatorze milles d'Andior, où nous avions l'intention de demeurer quelques jours, à cause d'un troupeau de bisons qu'on disait être dans le voisinage.

Comme nous chevauchions, le percepteur aperçut une ourse qui montait sur la pente d'une colline rocheuse ; nous lâchâmes les deux chiens poligars, Ali et Hassan, et nous lui donnâmes la chasse avec nos épieux; mais la vieille mégère se trouvait près de sa tanière, et elle nous faussa compagnie à notre grand déplaisir.

A notre arrivée, nous trouvâmes Combei abandonné de ses habitants à cause de la fièvre, et occupé par quelques familles de la caste des Mulchers (tribu des jungles). Malgré cela, nous établîmes notre camp sous un large peepul, près d'un ruisseau limpide rempli de poissons.

Ces dispositions prises, nous nous dispersâmes dans différentes directions pour découvrir les bisons. Mes amis rencontrèrent des pistes fraîches. De mon côté, je tuai un jeune cerf moucheté, et je découvris une saline où se voyaient des traces innombrables de cerfs, d'élans, de moutons des jungles et quelques vieilles pistes de bisons. Ces animaux viennent de plusieurs milles pour manger la terre imprégnée de sel, dont ils sont extrêmement friands.

Au dîner je parlai de ma découverte, et, comme la saline n'était pas à plus d'un demi-mille de distance, nous résolûmes d'essayer du procédé des Birmans pour tuer le cerf à l'aide d'une lumière artificielle. En conséquence, Chineah fit une torche avec des morcea de chiffons, de la graisse, de l'huile et du goudron, et il l'attacha à l'extrémité d'une perche en bambou d'environ quinze pieds de hauteur. Nous nous pourvûmes de plusieurs fusils, d'un tapis, de grog, et nous nous rendîmes à la saline un peu avant la tombée de la nuit. Nous y élevâmes une manière de paravent composé de broussailles et de branches, et nous nous installâmes commodément, en face, et sous le vent d'un espace de terrain découvert qui portait les empreintes de différentes espèces de cerfs. Notre perche était plantée en terre, à une demi-douzaine de pas devant nous. Quand il fit sombre, la torche fut allumée, et nous plaçâmes derrière une plaque brillante de fer-blanc, pour servir de réflecteur et empêcher en même temps la lumière de révéler notre embuscade.

Nous attendîmes pendant près d'une heure sans rien voir ni rien entendre, lorsque tout à coup je crus distinguer une paire d'yeux étincelants comme des étoiles dans le fourré. Un moment après, un cri sec m'apprit que mon plan avait réussi, et qu'un élan mâle était près de nous. Je murmurai aux autres de ne pas faire feu avant que j'eusse donné le signal, car j'avais reconnu au cri de l'animal que le troupeau n'était pas loin. Quelques instants après, l'élan marcha en avant, piétina en marquant ses empreintes dans le sol, se gratta le dos avec ses andouillers, et resta les yeux éblouis à regarder la lumière; presque aussitôt après, il fut suivi du reste du troupeau, qui devait se composer d'une vingtaine de têtes environ. La flamme absorbait toute leur attention, et ils s'avancèrent à douze pas de la perche avant que je donnasse le signal de tirer, en disant tout bas: « *Cool.* »

Nos coups de feu partirent bien ensemble; la décharge causa une confusion telle parmi les animaux, que quelques-uns d'entre nous eurent le temps de faire usage des fusils de réserve avant que le troupeau se fût dispersé.

La fumée dissipée, nous trouvâmes cinq morts et quatre blessés, que nous achevâmes.

Nous comprîmes bien vite, B... et moi, que c'était là faire œuvre de braconniers, et, sans nous soucier de continuer, nous revînmes à la tente. D... et Chineah restèrent toute la nuit en embuscade, et réussirent à tuer un autre élan et quatre cerfs mouchetés. Le lendemain matin, la troupe de chasse, aidée des chiens, rapporta cinq autres cerfs, qui furent trouvés tués ou blessés à quelque distance de là dans les jungles. Ce gibier fut le très-bien venu pour les tribus de Mulchers qui hantent ces parages. Mes chasseurs salèrent une grande quantité de venaison, ou plutôt ils en firent ce qu'ils appellent *ding-ding*, en coupant la viande en longues bandes, que l'on frotte ensuite avec du sel et des épices, et qui, séchées au soleil, deviennent aussi dures que du bois. Quand on veut en faire usage, on laisse tremper dans l'eau ces bandes pendant une couple d'heures pour les amollir, et, grillées sur la braise, elles deviennent fort agréables au goût et constituent souvent le mets principal du dîner d'un chasseur au fond des bois.

Pendant les trois jours qui suivirent, bien que nous fissions constamment de longues courses dans la forêt, nous n'eûmes pas la chance de rencontrer de gros gibier, et nous tuâmes seulement quelques cerfs pour notre nourriture.

Un soir que je revenais vers la tente, après une journée de fatigues sans résultat, puisque je n'avais pas eu l'occasion de tirer un seul coup de fusil, Chineah, qui m'accompagnait avec un ou deux autres de mes chasseurs, me demanda de leur tuer un paon qui criait dans un massif auprès de nous. Je leur dis de demeurer parfaitement tranquilles où ils étaient, pendant que je me dirigerais vers l'oiseau, en me guidant d'après son cri. Je m'avançai, en effet, si près, que je pouvais entendre le père et la mère gratter la terre, pendant que les petits gazouillaient ou plutôt sifflaient ; mais le taillis était si épais, que je ne parvenais pas à les apercevoir, bien qu'ils dussent être à quelques pas de moi seulement. Je descendis dans le lit sablonneux et desséché d'une nullah, et j'étais en train de regarder à travers les arbres où je m'attendais à chaque instant à entrevoir la couvée, lorsqu'en faisant à pas furtifs le tour d'un saule, je me trouvai tout à coup face à face avec un tigre énorme, qui venait évidemment de faire sa sieste à l'ombre fraîche de la rive en talus ; car au moment où je l'aperçus, il s'étirait et bâillait comme s'il n'eût fait que de s'éveiller. Sans doute, ce fut une surprise mutuelle, mais je fus le premier à reprendre mon sang-froid, et, sans hésiter un moment, je me tournai vers lui. Nous n'étions qu'à six pas l'un de l'autre, et mon fusil (à deux coups, calibre de huit, de Westley Richards) n'était chargé que de plomb n° 4 ; je lui déchargeai néanmoins les deux coups en pleine face. La fumée n'était pas encore dissipée que le tigre, poussant un épouvantable cri de rage, bondissait droit au-dessus de ma tête, et tombait avec fracas sur la rive opposée. Sans rester un instant de plus à surveiller ses mouvements, je pris mes jambes à mon cou et descendis le ruisseau dans une direction opposée. Quand je vis que je n'étais pas poursuivi, je rechargeai à balles, et « *Richard redevint lui-même,* » car j'avoue que ma sérénité d'esprit avait été quelque peu troublée par une rencontre si imprévue. Chineah, qu'avait attiré la double détonation, accourut à moi, et je pris de ses mains ma carabine favorite. Je suspendis en bandoulière mon fusil à canons lisses, et, après avoir recommandé à Chineah de se tenir tranquille sur un arbre, je revins à l'endroit où la scène avait eu lieu. Je rencontrai bientôt les empreintes du tigre, et je les suivis jusqu'à une mare où il paraissait avoir étanché sa soif quelques instants auparavant.

La double charge de plomb que je lui avais administrée de si près avait évidemment produit son effet, car la voie était semée de larges gouttes cramoisies, et je reconnus qu'il avait en partie, sinon absolument, perdu la vue, attendu qu'à plusieurs reprises il avait donné de la tête contre les bords escarpés de chaque côté de la nullah, en marquant son passage de taches de sang énormes. Quelques minutes après, j'entendis des bruits étranges dans un massif de roseaux et de saules à côté de la nullah, et d'après les *jurements* d'une troupe de singes perchés dans les arbres sur chaque rive, je sus bien vite à quoi je devais m'attendre. Je montai sur un bloc de rocher, d'où je pus voir le tigre tourner sur lui-même, presque entièrement aveugle, car à chaque instant il se heurtait la tête contre les pierres et les buissons, ce qui lui faisait pousser un court rugissement de colère, déchirer la terre et mordre tout ce qui se trouvait à sa portée. Je vis d'un coup d'œil où en étaient les choses, et, me glissant près de lui, je le visai juste au défaut de l'épaule; la balle qui lui traversa le cœur mit fin à ses souffrances, car il fit en l'air un bond énorme et retomba mort. Quand je l'examinai, je trouvai que toute la partie supérieure du crâne avait été fracassée, et les deux yeux crevés par l'effet de mes premiers coups; la tête ne présentait plus qu'une masse de sang coagulé, où l'on ne distinguait aucun trait, et pourtant, telle est la ténacité de la vie dans la race féline, qu'il était parvenu, même en cet état, à franchir plus d'un quart de mille, quoiqu'il eût complétement perdu la vue.

Un coup de sifflet fit accourir mes chasseurs, et nous commençâmes immédiatement à enlever au tigre ses dépouilles, opération dans laquelle nous fûmes surpris par la nuit; mais en allumant un grand feu nous parvînmes à nos fins et regagnâmes ensuite nos tentes en toute hâte. J'y trouvai B... et D... profondément occupés à explorer l'intérieur d'un énorme pâté à la moelle, attendu que, le matin, le premier avait tué un beau nilgaut à quelques centaines de pas seulement de notre camp. Après dîner, nous fîmes étendre les peaux sur le sol au moyen de chevilles, et nous fûmes nous coucher de bonne heure dans l'intention d'aller le lendemain poursuivre les nilgauts qu'avaient dépistés les Mulchers. Nous espérions les amener sur un terrain plus découvert et les chasser à cheval la lance à la main.

Je sonnai le *réveil* dans le camp une heure avant l'aube, et, après avoir fortifié l'*homme intérieur* et bu le coup de l'étrier, nous allumâmes nos cigares et sautâmes en selle pour gagner, sous la conduite des Mulchers, le couvert dans lequel le gibier avait été signalé. C'était une matinée splendide, et nous étions tous dans les meilleures dispositions. Comme nous chevauchions, accompagnés de ma troupe de chasse et de la plus grande partie de nos domestiques destinés à nous servir de batteurs, nous faisions, à chaque instant, lever des compagnies de perdrix, des cailles et des pigeons des rochers ; une fois ou deux nous aperçûmes des troupeaux d'antilopes et d'axis qui bondissaient à travers les clairières des jungles. Après un examen rapide du pays qui n'était rien moins que favorable à la course, couvert qu'il était de buissons bas et coupé d'innombrables ruisseaux, nous prîmes position à quelque distance les uns des autres pendant que nos gens s'étendaient en un large demi-cercle et s'avançaient lentement en poussant des cris et en battant des tambours. Quelques minutes après, un hurlement épouvantable nous apprit que le gibier était sur pied ; on entendit craquer les taillis et un troupeau de neuf nilgauts, composé de deux mâles et de sept femelles, s'élança dans la plaine.

Nous lâchâmes immédiatement les chiens à leur poursuite, et, après une course rapide d'un mille environ, les deux vaches les plus en arrière furent forcées, l'une par Hassan et Slogee, l'autre par Bran et Ali. Les lévriers tenaient les animaux au ferme; mais n'avaient pas le courage d'attaquer. Nous abandonnâmes cette proie facile aux soins de D..., qui, n'étant monté que médiocrement, cravachait derrière nous son cheval à outrance, et nous choisîmes, B... et moi, chacun un mâle, qu'après plus d'un saut et plus d'une charge où nous jouâmes souvent le rôle du gibier, nous parvînmes enfin à jeter bas sur le terrain. Celui que je poursuivais me chargea à plusieurs reprises, et bien que je fusse admirablement monté sur mon favori Lal Babba, ce ne fut qu'après avoir parcouru quatre bons milles que je parvins enfin, pendant que ma proie cherchait à m'éviter en bondissant de côté et d'autre, essoufflée et épuisée, à lui enfoncer ma lance derrière l'épaule jusqu'au poitrail et à lui faire mordre la poussière.

Le bœuf nilgaut (de l'hindou *nil*, bleu, et *ghau*, vache) est de la taille d'un petit cheval et ressemble quelque peu à ce que serait un hybride entre un cerf et une vache; il a des cornes recourbées et pointues, une courte crinière et très-peu de fanon. La femelle est plus petite et d'une couleur isabelle. Tous deux ont de magnifiques yeux noirs, comme ceux de la gazelle.

Quand nous rejoignîmes nos chasseurs, nous trouvâmes que D... avait achevé les deux vaches saisies par les chiens et blessé d'un coup de carabine une troisième femelle que la meute chassait encore. Nous desserrâmes les sangles de nos selles et nous nous étendîmes sous un arbre pendant que nos grooms bouchonnaient nos montures. Quelques instants après, D... revint ayant tué la troisième vache, et comme le soleil devenait extrêmement brûlant, nous remontâmes à cheval et regagnâmes nos tentes en toute hâte, laissant à nos gens le soin de dépouiller le gibier et d'apporter les peaux. La chair du nilgaut rappelle quelque peu le goût de la venaison, mais elle est plus grossière; la bosse, toutefois, salée et convenablement épicée, n'est pas à dédaigner, et la moelle constitue une des friandises les plus agréables qu'on puisse avoir dans les Indes.

Le soir, au moment où nous allions nous mettre à table pour dîner, un de nos hommes qui avait été se baigner dans le courant, un peu en aval de notre camp, accourut nous annoncer qu'il avait vu deux ours boire tout près de là. Nous partîmes aussitôt pour les suivre, et B... eut la chance de les rencontrer ; il tua roide l'un des deux du premier coup et blessa grièvement l'autre, qui fut achevé par Chineah. Après ce petit épisode nous dînâmes, et bientôt, assis autour du feu de bivouac, nous discutâmes les événements de la journée jusqu'à une heure avancée de la nuit ; nous allâmes nous coucher ensuite bien satisfaits de notre chasse, car il n'est pas donné tous les jours à un sportsman indien de tuer seul un nilgaut d'un coup de lance.

Le lendemain, nous nous rendîmes à Ranpoor, à neuf milles plus loin, et nous y dressâmes nos tentes. Les Mulchers prétendaient y avoir vu quelques jours auparavant une troupe d'éléphants ; mais après deux journées de recherches, pendant lesquelles nous ne trouvâmes point de pistes fraîches, nous poussâmes jusqu'à Dewara. Dans une battue que nous fîmes en cet endroit, sous un couvert épais, une panthère noire partit d'une fente du terrain sous mes pieds et j'eus le bonheur de la tuer d'une seule balle qui porta derrière l'oreille. La peau était magnifique ; les taches se voyaient distinctement à la lumière et paraissaient d'un noir plus foncé que le reste.

Mes chasseurs déclarèrent que la panthère noire était un animal beaucoup plus dangereux que l'espèce ordinaire ; et comme j'en avais vu précédemment une, que Walter M... avait blessée, revenir plusieurs fois à la charge, je pensai que leur assertion était exacte. Celle que j'avais tuée était certainement une commère formidable avec de grands yeux jaunes et de longues moustaches noires, mais la fourrure était douce et soyeuse comme du velours.

Les quatre jours suivants ne furent marqués par aucune chasse ; une vieille ourse fut tuée seulement par mes amis pendant qu'elle mangeait le fruit du *mowra ;* mais je fus très-frappé de la manière singulière et ingénieuse dont les Mulchers de cette partie des jungles s'y prennent pour se rendre maîtres des axis et des antilopes. Ils coupent de fortes tiges de bambou ayant un quart de pouce d'épaisseur sur une longueur de quatre pouces ; ils laissent à dessein à l'une des extrémités l'épine aiguë et forte qui sort de chaque nœud. A l'autre bout se trouve une entaille à laquelle ils attachent une corde solide faite des fibres de l'aloès, et longue de dix-huit pouces environ. Elle se termine par un petit caillou rond percé d'un trou par où elle passe. On trouve dans certaines parties des jungles une petite gourde d'un goût douceâtre, ayant à peu près la forme d'un concombre et dont les axis et les antilopes se montrent également friands. Les indigènes, au courant de cette particularité, appâtent un certain nombre de ces hameçons avec ce fruit et les jettent dans les sentiers. L'animal, sans aucun soupçon, commence par manger l'appât, et trouvant que la corde et le caillou le gênent il baisse la tête et tâche de rompre le lien en appuyant sur la pierre avec le pied de devant ou en la frappant avec un des pieds de derrière. Dans l'un et l'autre cas, les chances sont les mêmes. La corde se glisse dans la fente du sabot et se trouve arrêtée par le caillou, si bien que la bête est prise inévitablement, car le crochet s'enfonce dans sa bouche ou dans son gosier, et plus elle fait d'efforts plus elle est solidement tenue. Ces animaux se démènent à tel point qu'ils meurent en général d'épuisement dans un temps très-court. J'ai vu néanmoins rapporter vivants des cerfs mouchetés et des antilopes qu'on avait pris de cette manière.

Notre congé se trouvait près d'expirer, nous dûmes revenir sur nos pas et, après avoir emballé nos trophées, nous rentrâmes à Bowani, où la mère Garrow, une véritable reine de Paphos, attendait notre arrivée avec un bataillon formidable de nymphes au teint bruni. Pendant trois jours, ce fut une danse continuelle et, même après ce temps, nous n'étions pas encore fatigués de contempler les gracieuses pirouettes des belles prêtresses de Terpsichore, ou d'écouter les douces voix des chanteuses aux yeux noirs, alors qu'elles célébraient à l'envi *l'Amour et la Guerre*. Quand arriva l'heure du départ, plus d'une versa des larmes en prononçant les mots d'adieu. Si même la Renommée aux cent bouches n'a point menti, on découvrit, à la suite de notre passage, que des vides s'étaient produits dans la pagode de la mystérieuse déesse.

D..., mon vieux camarade, je pourrais raconter une histoire qui soulèverait à ton foyer des orages que ne pourraient jamais calmer les plus belles paroles de ta langue dorée ! Mais je te fais grâce en souvenir du bon vieux temps et des joyeuses journées que nous avons passées ensemble sous les ombrages des grands bois.

Nous rentrâmes à Trichy juste à temps, car deux jours après la mousson éclata et les pluies continuelles inondèrent tout le pays.

XIII

LES MONTAGNES DE NILGHERRI.

Les Nilgherri! Que de souvenirs agréables, d'événements palpitants se rattachent à ce nom! Combien de journées de chasse glorieuses il rappelle à ma pensée! Combien de chers amis il évoque devant moi, avec qui j'ai défié le tigre dans son repaire; dépisté l'éléphant énorme jusque dans ses retraites cachées au fond des forêts impénétrables, ou poursuivi le vigilant bouquetin de pic en pic sur des précipices, des abîmes et des saillies de rochers, que l'homme le plus calme ne pouvait regarder sans terreur! C'est là que j'ai serré plus d'une main qui, maintenant, est glacée; c'est là que j'écoutai plus d'une voix qu'il m'était doux d'entendre, et qui se taira désormais. Celui avec qui souvent j'ai couru la plaine, la lance à la main, à la poursuite du sanglier redoutable, est tombé sous mes yeux, cadavre mutilé, au plus fort du combat, dans cette sombre matinée où les *Six-Cents* ont chargé l'ennemi. Il est des temps où le passé se présente à moi avec une netteté tristement pénible, et où mon cœur aspire à retourner une fois encore sur cette terre où j'ai passé les plus heureuses années de ma vie, et à revoir ces lieux qui sont gravés dans ma mémoire sous des couleurs vives et ineffaçables, bien que je sache mes joyeux compagnons partis et leur place occupée par des étrangers. Qui de nous, dans son existence, n'a pas certains recoins éclairés du soleil, certains souvenirs des jours heureux disparus, sur lesquels la vue se reporte avec plaisir, quelque brillantes que puissent apparaître les perspectives de l'avenir? Presque tous nous avons un souvenir, un trophée tendrement chéri que nous aimons à contempler, et qui nous parle du passé jusqu'à ce que les scènes émouvantes du *bon vieux temps* nous reviennent vivantes à l'esprit. Nous savons bien qu'elles ne peuvent plus exister pour nous, mais nous nous reportons avec joie à l'époque où tant de rayons éclairaient notre route. Pour ceux-ci, l'âge d'or paraît avoir été le temps du collége,—pour d'autres, une période plus avancée dans la vie. L'imposant général parle avec bonheur du moment où il n'était que petit officier, avec la poudre et la queue; le vieux et robuste *squire,* de la dernière génération, se plaît à raconter ses faits et gestes du temps « où les chiens pouvaient courir, et les chasseurs savaient leur emboîter le pas. » Ce saint homme de prêtre, calme et froid maintenant, dont les regards affaiblis et le nez rubicond trahissent une passion vive pour les plaisirs de la table, rappelle, avec une satisfaction immense, les jours de tapage et de folie qu'il a passés jadis jeune homme dans un régiment de *Dragons légers.* Et ce vieux cadavre ambulant, qui semble être resté parmi nous pour nous montrer quels ravages la main du Temps peut opérer sur notre enveloppe mortelle, bavardera longuement sur les beaux fils qui couraient avec lui la ville pendant ces heureuses années où, joyeux don Juan, il courtisait les belles. Tous et chacun, nous avons dans notre vie quelque période sur laquelle nous nous plaisons à porter nos regards et nos pensées, bien que, peut-être, nous nous laissions aller à parler plus volontiers de l'avenir. Le soldat aime se rappeler les scènes de plus d'un rude combat; le marin, ses aventures sur la mer agitée; le voyageur, ses courses errantes en de nombreux pays; le veneur, ses galops rapides par monts et par vaux à la poursuite du renard agile. Mais le chasseur qui a parcouru les montagnes Nilgherri et frappé de ses balles les plus puissants habitants des jungles, pense le jour et songe la nuit aux noires profondeurs de la forêt de Wynaad.

Ceux qui n'ont jamais exploré une forêt remontant aux premiers âges du monde, ne peuvent avoir qu'une faible idée de l'effet mystérieux qu'ont sur l'esprit humain l'absence de lumière et l'épaisseur intense des ténèbres. Le silence perpétuel et le calme absolu qui règnent sous ses voûtes feuillues produisent un sentiment étrange de terreur et d'isolement, qui abat la gaieté et frappe d'épouvante le cœur de ceux qui ne sont pas accoutumés à errer dans ces solitudes. L'être le plus courageux se trouve saisi d'une sensation étrange, qu'il ne peut expliquer ni comprendre, la première fois qu'il pénètre dans ces profondeurs, où la voix de l'homme n'éveille qu'un écho effrayant et bizarre; et le chien lui-même hurle d'effroi et se couche aux pieds de son maître, tant il a peur d'être laissé seul par lui dans cette ombre. Le mot *solitude* est insuffisant pour donner l'idée du sentiment écrasant de désolation et d'abandon qui remplit ces régions inconnues; et cependant, pour le chasseur qui est accoutumé à séjourner dans leurs retraites les plus reculées, ces déserts deviennent une demeure qu'il ne changerait pour aucune autre; et quand il promène ses pas à travers cette immense étendue de verdure, sans autres compagnons que les quêteurs silencieux et ses chiens, sans autre guide qu'une boussole de poche et certains signes des jungles que ne comprendraient pas les habitants des villes, il ressent des émotions inconnues de quiconque n'a point éprouvé les charmes et les fascinations de la *vie en forêt,* et goûté ses plaisirs purs qui vont au cœur. Elle possède pour lui un attrait particulier qui ne se rencontre point ailleurs; et, bien loin des habitations des hommes, sans s'inquiéter du bruit et du mouvement de leur monde agité, il se complaît à étudier la nature sous ses formes les plus grandioses, dans tout l'éclat de sa beauté sans tache, et son cœur s'emplit de pensées qui lui font une compagnie dont il ne se lasse jamais. On goûte les délices d'un entrain joyeux et indescriptible dans l'excitation violente de cette vie, qui dissipe toute inquiétude et développe, en les fortifiant, toutes les facultés de l'âme et du corps. La variété continuelle du spectacle charme les yeux et réjouit l'intelligence, en même temps que les incidents multipliés d'une existence pareille entretiennent une activité constante, qui donne à l'esprit plus de force et une plus grande puissance à l'observation et à la pensée. Le corps habitué à des efforts toujours nouveaux par un exercice incessant, permet au chasseur de continuer sa course, pendant des jours entiers, à travers des bois vierges de tout sentier, avec cette persévérance opiniâtre et inflexible qui est indispensable pour assurer le succès dans la poursuite du gibier qu'il cherche. Il s'avance et se glisse sans bruit, insoucieux de ce qu'il pourrait rencontrer, car il a une confiance absolue dans la puissance de sa fidèle carabine. Son œil vigilant perce les profondeurs obscures des bois et ne laisse inexplorée aucune ouverture, car sa subsistance et celle de ses hommes dépendent de leurs efforts communs. Rien n'est si favorable au développement complet des sens, que l'exercice constant des facultés diverses pendant un long séjour dans les jungles. C'est ainsi que s'acquièrent la rapidité du coup d'œil (qualité indispensable dans un chasseur) et l'habitude d'une attention incessante; c'est ainsi que l'esprit s'accoutume à tout observer, et que tout ce qui est en dehors du prévu attire immédiatement l'attention; c'est ainsi que l'oreille arrive à saisir les bruits les plus légers. Le chasseur doit connaître parfaitement les mœurs des animaux sauvages qu'il poursuit, et ne point oublier combien ils sont défiants, et combien vite leur attention est éveillée par des bruits inusités, par des traces étrangères dans les jungles, ou même par l'émanation que la présence de l'homme laisse toujours après elle. Le coureur des bois goûte un sentiment absolu d'indépendance et une absence de toute gêne dans ces déserts, qui présentent le plus heureux contraste avec les désagréments de l'existence artificielle des villes; aussi bien, peu de ceux qui sont capables d'en jouir quittent ces larges habitudes pour revenir à la vie civilisée, sans un profond sentiment de regret de ce que leurs plaisirs sans mélange sont finis. Et, longtemps après dans la vie, le murmure des eaux et les soupirs du vent dans les arbres, rappellent à l'esprit des moments d'un intérêt immense, et l'on sent à jamais au fond du cœur qu'il n'est pas de mélodie si douce que les voix sauvages de la forêt.

Toutes les forêts sont obscures, mais leur ombre a une intensité plus ou moins grande, et nulle ne présente une série d'aspects plus variés que celle qui entoure les Nilgherri. Le bambou élancé, au délicat feuillage, contraste délicieusement avec le teck majestueux, l'ébénier, le bois noir et les autres arbres gigantesques de la forêt vierge, où l'air étouffé est généralement lourd et suffoquant. La surface du sol est partout jonchée d'une couche épaisse de feuilles pourries et de branches mortes, et, par-dessous les arbres, on peut voir la verdure des jeunes sauvageons qui poussent par milliers pendant la saison des pluies, mais qui, pour la plupart, dépérissent et meurent ensuite faute de lumière et de chaleur.

Le climat sur les plateaux est presque le plus beau du monde connu,—entre les deux extrêmes du froid et du chaud, il réalise autant qu'il est possible à un pays le *printemps éternel;* car sa grande élévation (8,000 pieds au-dessus du niveau de la mer) tempère la chaleur généralement sentie dans ces latitudes, et donne à l'air une pureté et une élasticité salutaires, particulièrement agréables aux Européens après un séjour prolongé dans les plaines brûlées du soleil. Et certes, si des cieux sans nuages, un soleil dans un éclat perpétuel et une température délicieuse formaient les seuls éléments essentiels du bonheur des hommes, les Nilgherri seraient le lieu à choisir entre tous ceux que j'ai rencontrés jusqu'ici dans mes pérégrinations sur terre et sur mer.

Dans son genre particulier de beauté, rien ne peut effacer l'aspect de ces montagnes. Des pics d'une hauteur prodigieuse, des bouquets d'arbres gigantesques, des bois suspendus et des cascades écumantes, alternent avec des massifs de rhododendrons, couverts de fleurs cramoisies, des camellias sauvages, des jasmins et de hautes fougères ondoyantes, en même temps que les vignes et autres plantes grimpantes pendent en festons de branche en branche. Çà et là, le paysage est diversifié par des pelouses verdoyantes d'un gazon de velours, et par des parterres naturels de géraniums écarlates, ou d'orchidées luxuriantes. Quand la vue peut s'étendre sur la plaine par une percée à travers les bois épais, le coup d'œil est également sublime et imposant, car une vapeur bleuâtre se répand sur toute la scène qui en adoucit et en fond harmonieusement les beautés, en lui donnant les apparences d'un rêve particulièrement enchanteur. On rencontre partout, dans les bois, des framboises et des fraises renommées pour leur saveur exquise; et les fougères, les boutons d'or et les pâquerettes, qui poussent sur les bords des innombrables ruisseaux dont l'eau s'échappe en bouillonnant de tous les côtés, présentent une similitude d'aspect qui rappelle au cœur les visions de la vieille Angleterre. Des oiseaux d'un brillant plumage volent parmi les branches; de joyeux papillons voltigent dans les airs; des insectes d'un éclat métallique étincellent sur les feuilles, et toute la nature semble heureuse dans ce pays favorisé des cieux.

Je n'ai jamais rencontré jusqu'ici de pays de chasse qui puisse être comparé à la grande forêt de Wynaad pour la variété du gibier qui comprend : des éléphants, des bisons, des élans, des cerfs mouchetés, des moutons des jungles, des cochons-cerfs, des tigres, des panthères, des léopards, des guépards, des ours, des hyènes, des chats-tigres, des sangliers, des loups, des chacals, des chiens sauvages, des porcs-épics, des lièvres, des paons, des poules des jungles, des éperonniers, des perdrix, des cailles et des bécasses; pendant que sur les montagnes on trouve le bouquetin et le coq de bruyère, qui ne se montrent jamais en plaine.

Ootacamund, la station principale, est la résidence la plus délicieuse de l'Hindoustan. Elle possède une belle église, un club bien établi, deux hôtels de premier ordre, plusieurs belles boutiques qui sont tenues principalement par des Parsis, un bazar parfaitement approvisionné, et quelques centaines de maisons et de bungalows excellents, dont un grand nombre sont de véritables demeures seigneuriales. Le cantonnement occupe une large étendue de terrain, attendu que le pays est extrêmement accidenté, ce qui fait que les maisons, pour la plupart, sont situées d'une façon pittoresque sur de petites éminences, et entourées de vastes jardins qui sont, en général, extrêmement bien entretenus. Le pommier, le poirier, le cognassier, le pêcher, l'abricotier, le prunier, le cerisier, le groseillier, et presque tous les légumes d'Europe y prospèrent parfaitement; et les fuchsias, les chèvrefeuilles des jardins et des bois, les jasmins, les clématites, les grenadilles et les géraniums y poussent avec l'exubérance la plus sauvage et sans exiger de grands soins. Au centre du cantonnement se trouve un beau lac artificiel, autour duquel se tient la promenade; c'est là le rendez-vous de tout Ooty, et, dans l'après-midi, on peut y voir plusieurs centaines d'Anglo-Indiens, les uns à cheval, les autres dans des véhicules de toute espèce, depuis la brillante barouche jusqu'à l'humbe char à bœufs, qui écoutent la musique militaire ou cherchent par le mouvement à gagner quelque appétit pour le dîner.

Les Nilgherri sont considérés comme une des régions les plus saines de l'Inde méridionale, et le gouvernement en a fait une espèce de *sanitarium*. Aussi peut-on y rencontrer des officiers malades de toutes les parties des présidences de Madras et de Bombay, qui ont obtenu des congés pour des périodes variant de six mois à deux ans, afin de rétablir leur santé; et, pendant tout ce temps, ils touchent leur solde entière et leurs rations; ce qui n'a pas lieu, par suite de quelque fantaisie stupide de la Compagnie des Indes orientales, quand ils sont obligés de revenir en Europe. Il en résulte qu'Ooty ressemble un peu à une ville d'eaux et se trouve extrêmement gai; les bals, les parties de plaisir et les dîners s'y succèdent sans relâche.

Tout autour s'étendent de splendides chasses; aussi est-ce le quartier général des chasseurs, car, partout où se trouve quelque chose à chasser qui soit l'occasion d'un plaisir, on est sûr de voir accourir les Anglais. Comme nation, nous sommes essentiellement *sportsmen*, et la chasse, dans toutes ses parties, paraît indigène à notre pays. Prenons, par exemple, les officiers de notre armée et de notre marine, qui sont dispersés sur toute la surface du globe, à des milliers de milles de leur terre natale ; nous trouvons que ni les ardeurs du soleil, ni l'influence énervante d'un climat tropical, ni les rigueurs d'une température glaciale, ne peuvent amoindrir leur passion pour la chasse, passion qu'ils s'efforcent d'entretenir en dépit de tous les obstacles. Les choses étant ainsi, il n'est pas surprenant qu'il existe à Ooty une meute fondée et entretenue, par souscription, pour chasser le renard et le chacal, indépendamment de meutes particulières de chiens courants et de chiens couchants pour fouiller le couvert. Nulle part, dans la Grande-Bretagne, le coq de bruyère n'est poursuivi comme sur ces montagnes, et chaque année des sommes considérables changent de mains, par suite de paris entre chasseurs, à qui tuera le premier coq. La saison commence en octobre et finit en mars, bien qu'on puisse rencontrer des solitaires un mois plus tôt ou plus tard.

A ma première arrivée, Ooty était plein. Les bungalows vacants étaient rares, et je m'arrêtai pendant quelque temps à l'hôtel Dawson, où j'eus tout lieu d'être parfaitement satisfait du service, car mon appartement se trouvait des plus confortables et la nourriture y était de premier choix ; j'ai rarement depuis rencontré pareille cuisine. Il n'y avait qu'un établissement analogue du côté de Madras, le club de Secunderabad, dirigé par le majestueux Tatiah.

Comme j'avais avec moi toute ma maison, y compris

ma fameuse troupe de chasse qui contenait quelques-uns des meilleurs quêteurs du pays, nous prîmes, mon vieux camarade B... et moi, une gentille petite maisonnette appelée *Burnside cottage*, avec de bonnes écuries, des communs pour les domestiques et un jardin bien fourni. Elle était située délicieusement, juste au-dessous du sommet d'une colline, et plongeait sur la vallée de Mala-Mund, village habité par les Todas, race étrange de gens que l'on croit être un restant des tribus disparues. Les hommes sont généralement d'une taille au dessus de la moyenne, bien faits, athlétiques, d'une physionomie ouverte et avenante. Ils ont le nez d'un type juif très-accusé, de grands yeux à l'orientale, de belles dents, et une figure ovale dont la partie inférieure est couverte, le plus souvent, par une barbe superbe et noire comme le jais. Ils ne portent aucune coiffure, et leurs cheveux qui poussent en profusion sont simplement séparés au milieu, d'où ils retombent en boucles tout autour de la tête. Leur vêtement se compose d'une jupe en toile et d'une espèce de manteau en coton, qu'ils jettent comme une toge romaine sur l'épaule, en laissant les bras et les jambes nus. Cette race est assurément la plus belle de l'Hindoustan, et se montre avec une tenue noble et indépendante qui ne rappelle en rien la soumission obséquieuse et servile de toutes les autres castes d'indigènes. Les femmes sont grandes et imposantes avec des figures pour la plupart sans défaut; élancées, mais remarquablement gracieuses, un peu minces peut-être, mais délicieusement arrondies de contours. Chez elles, chaque signe est plein de douceur et de beauté, chaque membre en harmonie avec l'ensemble est à la fois souple et délicat. La tête est particulièrement petite et élégante, la face ovale et généralement d'un type israélite. Les traits sont fins et délicatement ciselés; la bouche admirablement faite est ornée de dents de perle; les yeux larges, éclatants, sont farouches et doux à la fois comme ceux de la gazelle; les sourcils forment deux grands arcs qu'on dirait tracés au pinceau; les cils très-longs sont bien fournis et les cheveux abondants, ondés par la nature, flottent en boucles nombreuses sur le cou et sur les épaules. La peau, d'une douceur inconnue chez les autres femmes, est d'une magnifique couleur olive clair, et d'une nuance beaucoup moins foncée que celle des hommes, par suite d'une moindre exposition au soleil. Les mains et les pieds sont comparativement petits et admirablement formés. Elles arrivent de très-bonne heure à l'âge nubile, et ce n'est pas chose rare de voir hors des huttes une jolie petite fille âgée de moins de douze ans avec un enfant dans les bras. Mais, de même qu'elles sont bientôt femmes, de même aussi leur beauté passe vite. A seize ans, elles sont dans tout l'éclat de la jeunesse ; à trente ans, il ne reste plus trace de leurs anciens attraits. Les femmes ont plusieurs maris ; les frères d'une même famille épousent généralement une seule femme, et cette pratique est commune aussi chez les Nairs et autres castes de la côte occidentale. Les huttes des Todas sont bâties en forme de bâche de wagon, au moyen de bambous recouverts de gazon. Elles ont environ dix pieds de long, sept de large et six de haut ; la porte, seule ouverture du bâtiment, n'a guère que deux pieds en carré, si bien que les habitants ne peuvent la franchir qu'en rampant sur les mains et les genoux. Une demi-douzaine de huttes constitue un village (*mund*) situé généralement sur le versant d'une colline dans les endroits les plus pittoresques des montagnes. Les Todas sont un peuple de pasteurs, et possèdent de grands troupeaux des plus beaux buffles de l'Inde ; ils emploient entre eux un langage étrange et n'ont point de caractères pour l'exprimer par écrit. Les hommes portent quelquefois de petites boucles d'oreilles en or, et les femmes des bracelets d'argent ou de cuivre et une espèce de ceinture grossière négligemment attachée autour des hanches. Les Todas s'appellent les maîtres du sol et traitent avec un souverain mépris les Burghers, autre race des montagnes d'une taille inférieure, et vouée à la culture des terres pour lesquelles ils ont à payer aux Todas un certain tribut.

Un matin que nous étions, B... et moi, occupés à surveiller le tracé d'une pièce de terrain qui devait s'ajouter à notre potager, un Toda, à qui j'avais un jour rendu un léger service, vint nous informer qu'il avait vu un grand troupeau d'élans dans un ravin boisé, à trois milles de distance environ. J'écrivis immédiatement un mot au major S..., qui avait une meute, et à W..., à K..., à C... et à B..., qui logeaient alors à l'hôtel Dawson, pour leur annoncer la nouvelle. Une demi-heure après, ils étaient tous réunis en habits de chasse dans mon cottage, avec deux ou trois autres camarades qu'ils avaient ramassés en route. Dans l'intervalle, Chineah, mon premier chasseur, avait rassemblé ma troupe de chasse avec une douzaine de batteurs en plus. Après quelques rafraîchissements, nous montâmes à cheval, et, accompagnés de nos grooms et de nos porteurs de fusils, nous nous dirigeâmes vers le couvert sous la conduite du Toda. Une heure de course nous amena à l'endroit indiqué; nous mîmes pied à terre pour reconnaître le terrain et nous assurer que le gibier ne s'était pas dérobé. Aucune trace n'indiquait qu'il en eût été ainsi, et nous prîmes position sur la lisière du bois, pendant que les batteurs et les chiens descendaient le ravin par un chemin détourné pour chasser le gibier vers le sommet de la colline et le forcer à s'échapper du côté où nous nous tenions cachés.

J'ordonnai aussi au Gooroo et à Ali de rester sur la hauteur avec mes chiens poligars pour qu'ils fussent prêts au cas où quelques-uns des cerfs s'en iraient blessés, et l'événement prouva que j'avais eu là une heureuse idée. Nous restâmes en suspens pendant près d'une demi-heure, lorsque certains bruits venus d'en bas nous avertirent que les batteurs et les chiens étaient entrés dans la partie inférieure du fourré. Bientôt un glapissement grave nous apprit qu'un des chiens de la meute était tombé sur la piste. « — Entendez-vous le vieux Ponto ! » s'écria le major qui s'était blotti derrière un buisson de rhododendrons, à quelques pas de distance de moi ; et un sourire de satisfaction éclaira les traits fatigués et vieillis du chasseur quand il reconnut la voix de son favori. « — Silence ! Écoutez ! Le voilà encore ! Le gibier est sur pied, je vous en donne ma parole. Jamais il ne donne de la voix sans motif, aussi faites passer le long de la ligne le mot d'ordre d'avoir l'œil au guet. Voilà Rupert et Gelert qui se mettent de la partie. »

Peu après ce prélude, l'un après l'autre, tous les chiens de la meute trouvèrent la voie et jetèrent leur cri jusqu'à ce que le chœur harmonieux retentît au fond du ravin, et allât réveiller les échos des bois environnants. Je n'ai pas besoin de décrire aux chasseurs l'excitation vive, et les sensations agréables que cette mélodie soulevait dans nos cœurs ; nous savions que les cerfs étaient sur pied, et chacun de nous désirait qu'ils partissent assez près pour leur tirer un coup de fusil. De temps en temps le craquement des branches nous avertissait que le troupeau était sur le bord du bois, et nous soulevions déjà notre arme meurtrière, mais le gibier se rejetait sans cesse en arrière. Enfin, un superbe élan mâle, aux larges andouillers, s'arma de courage pour quitter le couvert, et se précipita parmi les buissons en bondissant par bonds énormes sur ma droite, à portée facile de W... et de K..., qui tirèrent sur lui deux coups sans effet apparent, car il continua sa course sans ralentir son allure un seul instant. J'essayai de l'arrêter comme il bondissait au loin, mais je ne pus l'apercevoir à cause des buissons qui se trouvaient alors entre lui et moi. Le vieux major, qui était tranquillement assis sur son talon droit, le genou gauche bien tendu en avant et soutenant son coude gauche (la meilleure position pour tirer juste), déchargea les deux coups de son arme, et, bien que je ne pusse voir l'animal, je connus au double « pouf ! » que j'entendis, que les deux balles avaient eu leur effet.

—Hourra ! il est à bas, enfants ! cria le vieux soldat en bondissant sur ses pieds et en ramassant sa seconde carabine ; mais avant qu'il pût la mettre en joue, l'élan s'était relevé et une légère ondulation du terrain le dérobait à nos regards.

—Bravo, major! m'écriai-je, vous avez retrouvé vos yeux de vingt ans et tiré deux coups splendides, car ils ont porté à plus de deux cents mètres. Nous allons lâcher Hassan et Ali, et je vous garantis qu'ils vous rendront bon compte de votre bête.

Je venais de donner mes ordres à cet effet quand un craquement dans les fourrés se fit entendre près de nous, et deux jeunes mâles au bois velouté s'élancèrent du couvert avec sept femelles suivies d'une vieille ourse. Je jetai bas l'un des mâles, et trois femelles tombèrent sous une décharge générale, pendant que l'ourse recevait deux ou trois souvenirs agréables de notre présence qui ne firent qu'accroître sa belle humeur, car elle se mit à hurler de la façon la plus sauvage et chargea vigoureusement W... et K..., qui ne purent que lâcher pied, attendu que leurs carabines étaient vides. Par bonheur les chiens l'aperçurent, et Hassan la saisit par une des pattes de derrière, ce qui l'arrêta court et permit à Ali de lui sauter à l'oreille de l'autre côté. C'étaient deux chiens d'une force énorme, aussi la vieille mégère se trouva réduite à l'impuissance de mal faire, bien qu'elle semblât des mieux disposées à cet égard. Dès que je fus arrivé près d'elle, je rappelai les chiens, et B... lui donna le coup de grâce derrière l'oreille. Les batteurs et la meute du major se montrèrent alors, et après que les chiens eurent été couplés, je mis Ali et Hassan sur la voie du cerf qui avait été blessé par le major. De larges gouttes de sang marquaient ses pas, et, comme nous la suivions, de longs hurlements partis d'une pièce de hautes fougères tout près de nous nous avertirent que la bête était aux abois. Quand nous arrivâmes, nous la trouvâmes couverte de sang et d'écume, luttant avec désespoir contre les chiens qui l'avaient saisie à la gorge et la tenaient serrée. Les yeux de l'élan injectés de sang roulaient d'une manière sauvage à notre approche, et il baissa la tête comme pour nous frapper de ses bois. Mais il était affaibli par la perte de son sang et tomba, ce qui fournit à Chineah l'occasion de lui plonger son couteau dans la gorge. Il fit un dernier effort pour se redresser sur ses genoux ; il chancela et retomba en poussant un profond gémissement. Un tremblement convulsif passa dans ses membres et tout son corps devint immobile.

Dès que la venaison fut préparée et suspendue à des perches pour le retour, nous remontâmes à cheval et revînmes à Ooty, où nous nous trouvâmes tous réunis, le soir, autour de la table hospitalière du major S...

Quand la nappe fut enlevée, les chansons eurent leur tour, et les vieux routiers nous firent de nombreux récits d'aventures périlleuses et de rencontres terribles avec les monstres de la forêt, ce qui nous fit rester jusqu'à une heure avancée de la nuit. Au moment où nous allions nous séparer, W... vint à parler d'un bal qui devait avoir lieu dans le cantonnement, à très-peu de temps de là; notre digne hôte dressa l'oreille à ce mot et demanda si quelqu'un de nous avait entendu parler des effets terribles que le mariage avait produits sur Geordie S..., un de ses parents.

—Il n'était pas de votre temps, dit-il, mais quand on l'a connu, il est impossible de l'oublier jamais, car il n'y a jamais eu de *sportsman* meilleur et plus adroit que lui. C'était un plaisir de lui voir courir la plaine à la poursuite du sanglier gris, et d'entendre son joyeux rire, sa parole mâle et ses chansons gaillardes, le soir, auprès du feu, après les chasses de la journée. *Un changement survint dans l'esprit de mon rêve,* comme dit le poëte. Geordie, un jour, fut touché au cœur, traîné à l'autel, enchaîné. Je le rencontrai après un intervalle de plusieurs années, mais hélas! combien changé! Sa face radieuse et brûlée du soleil était devenue longue; ses yeux riants, qui jadis étincelaient de gaieté, ne jetaient plus que des regards mélancoliques; son bras si fort autrefois s'était amolli et ses jambes ne valaient guère mieux que deux manches à balai! Il me reçut aussi affectueusement que par le passé; mais il me parut, je dois l'avouer, assez penaud et refrogné. Après quelques instants de conversation dans laquelle je rappelai le *bon vieux temps* à ses souvenirs, il sembla se ranimer un peu, son ancien sourire lui revint et je le retrouvai tel qu'autrefois. Mais ce ne fut qu'une lueur passagère, car les éclats d'une voix criarde et irritée dans une chambre voisine me rappelèrent sa misérable situation. Je me levais pour éviter la rencontre de la *meilleure* moitié de lui-même, qui se faisait évidemment belle pour cette occasion, quand il me serra la main comme jadis avec effusion et me chuchota à l'oreille, après un profond soupir : « S..., mon cher camarade, vous voyez la malheureuse sottise que j'ai faite et à quoi elle m'a réduit ; croyez-en mon conseil, gardez-vous du mariage et vous serez un homme heureux. »

—Le diable m'emporte si je fais autrement! répondis-je ; je ressentis une sensation d'effroi quand je remontai à cheval, et partis au galop juste au moment où la tentatrice faisait à pleines voiles son entrée dans le salon.

Nous rîmes beaucoup de l'anecdote du major, et après lui avoir souhaité une bonne nuit, chacun de nous regagna son domicile.

XIV

LES NILGHERRI (*Suite*).—UNE AFFAIRE DE NUIT.

De retour à Ooty, je passai mon temps d'une manière très-agréable, employant les journées à des parties d'exploration ou à des chasses de toute espèce sur les collines, les soirées dans les réunions du monde, embellies par la présence des dames, et les nuits à goûter ce repos qui constitue une des plus grandes jouissances pour l'Anglo-Indien. Dans les plaines, pendant la saison des chaleurs, le temps qui s'écoule entre le coucher du soleil et son lever est encore plus énervant que l'ardeur du jour. Pendant ce temps, en effet, pas un souffle d'air n'agite les branches des arbres les plus élevés, les lumières brûlent en plein air sans que la flamme vacille, l'atmosphère suffoque, et à moins que le punkah ne soit maintenu sans cesse en mouvement, l'Européen ne peut goûter aucun sommeil. Il s'agite sans trêve sur sa couche, et se lève le matin encore plus fatigué que la veille.

Ce défaut de sommeil est plus pénible pour nos soldats que toutes les privations imaginables. Aussi, dans ces dernières années, les officiers commandant les régiments ont-ils été autorisés par le gouvernement des Indes à employer des coolies pour agiter les punkahs, jour et nuit, dans les campements, pendant les mois les plus chauds, et il en est résulté de salutaires effets.

Un jour que je surveillais la fabrication d'une provision de *goorakoo*[1] pour mon hookah, suivant une recette que je tenais d'un des serviteurs du mah-rajah Chundalal, l'ancien dewan du Dekkan, Chineah m'apporta la nouvelle qu'un grand tigre avait abattu un bœuf appartenant à des Mulchers, à environ cinq milles de distance, et qu'après en avoir sucé le sang, il avait abandonné le cadavre, que Naga et Googooloo étaient allés garder pour empêcher qu'il ne fût enlevé par les *chacklars* (savetiers) ou les parias (gens de basse caste).

Mon ami B... était parti pour reconnaître quelques

[1] Composition faite avec du tabac, des pommes, des feuilles et de l'huile de roses, du bois de sandal, etc., pour être fumée dans le hookah.

points fréquentés par les bouquetins sur les montagnes Koondahs, et, comme je ne l'attendais que le soir, je fis mes préparatifs pour tenter seul l'aventure. A la suite d'un déjeuner rapide, je partis accompagné de Chineah, du Gooroo et d'un palefrenier qui portait mes carabines. Après une course d'une heure, nous arrivâmes à une petite pièce de terre cultivée, bornée de trois côtés par un bois épais, et nous y trouvâmes un beau bœuf blanc étendu dans une mare de sang, la gorge ouverte et l'épaule disloquée. Je crus voir que le maraudeur était un gros tigre ; car, indépendamment des trous faits dans la gorge par ses dents et des marques de ses griffes sur le derrière du cou, lesquelles avaient labouré la chair en larges sillons, il y avait plusieurs larges empreintes profondément enfoncées dans le terrain mou, près duquel la lutte avait eu lieu.

Googooloo et Naga s'étaient fait une embuscade dans un arbre, à dix pieds environ du sol. Cette embuscade dominait tous les aboutissants du bois; mais, n'imaginant pas que le tigre dût revenir à sa proie dans la première partie de la nuit, et ne devant avoir la clarté de la lune qu'à une heure avancée, je résolus d'attendre l'animal au plus près. Je fis donc creuser un trou d'environ quatre pieds de profondeur, sous un buisson bas, en surplomb, tout recouvert de plantes grimpantes et qui se trouvait à peu près à une demi-douzaine de pas de du bœuf.

En établissant mon affût dans la terre, je savais que j'aurais une meilleure chance d'apercevoir le tigre, et que je pouvais ainsi le viser dans les ténèbres avec plus de certitude que si j'étais perché dans un arbre au-dessus de lui; et puis, il me semblait que c'était jouer plus franc jeu. Je garnis d'un tapis le lieu de mon embuscade pour le rendre plus confortable; et je chargeai avec soin mes armes, qui consistaient en deux carabines à deux coups, calibre de dix, en un fusil à deux coups à balles de deux onces, et en une paire de gros pistolets d'arçon à deux coups. J'arrangeai aussi mes provisions, comprenant une bouteille de fort thé vert, un flacon d'eau-de-vie et une pile énorme de sandwichs. J'ordonnai à mes chasseurs de retourner à Ooty avec le cheval, à l'exception de Chineah et de Googooloo, qui devaient faire le guet sur l'arbre pour être à ma disposition au cas où je pourrais avoir besoin d'eux.

Tout étant prêt, aussitôt que les ombres du soir commencèrent à s'étendre, chacun de nous se rendit à son poste; et, pendant les quelques heures de clarté qui restaient à passer, je remarquai soigneusement chaque buisson et chaque ondulation du terrain pour être mieux à même de distinguer toute chose dans les ténèbres. A mesure que le jour baissait, les derniers rayons d'un soleil sans nuage jetaient sur toute la scène une riche teinte de pourpre, et le feuillage aux diverses couleurs des bois environnants brillait de reflets d'or sous la lumière expirante de l'astre descendu derrière l'horizon.

Les chantres harmonieux de la forêt cessèrent leur ramage, et les bois ne résonnèrent plus sous les coups répétés du pic; mais l'oiseau de nuit avait pris son vol et glissait rapidement dans les airs, à la poursuite des phalènes qui voltigeaient de toutes parts en grand nombre. L'air s'embaumait des suaves odeurs des arbrisseaux en fleur qui semblaient redoubler de parfums à la chute du jour. Le soir s'obscurcit en crépuscule, et le crépuscule s'assombrit en nuit; les étoiles, de leurs douces clartés, semblèrent éclipser les mouvantes lueurs du soleil couchant; puis l'immense forêt devint silencieuse, et aucun bruit ne parvint plus à nos oreilles que le cri strident du grillon, les huées lugubres du grand-duc, les hurlements des bandes de chacals, ou les clameurs mélancoliques du grand singe des collines. Enfin, la nuit devint si profonde, que les arbres les plus voisins ne se distinguaient qu'à peine, et que leur masse, de plus en plus sombre, se perdait dans un fond confus et indéfinissable.

Le temps passait lentement, l'air de la nuit devenait

vif, et je commençais à croire que le tigre, ayant étanché sa soif avec le sang du bœuf, ne reviendrait pas pour la chair, ce qui arrive fréquemment; en conséquence, je m'enveloppai hermétiquement dans ma couverture de poils de chèvre, imperméable à l'humidité, et je me mis à dévorer ma pile de sandwichs, en l'arrosant de thé froid et de quelques gorgées d'eau-de-vie.

Mais, tout à coup, je crus entendre un bruissement de feuilles sèches, suivi de l'éclat d'une branche cassée. Je posai à terre la bouteille de thé que j'étais en train de porter à mes lèvres, je saisis ma carabine, je la soulevai en dirigeant le bout vers l'endroit d'où provenait ce bruit, et j'écoutai attentivement.

Je n'entendis rien que les palpitations de mon cœur, qui semblait frapper à grands coups ma poitrine, et, quant à voir quelque chose, c'était impossible, car la nuit était si obscure, que je pouvais à peine reconnaître le contour du bœuf mort. Une heure de longue anxiété s'écoula. Enfin, j'entendis à plusieurs reprises le déchirement de la chair et le craquement des os tout près devant moi. De temps en temps, j'apercevais une paire d'yeux d'un éclat verdâtre, et j'entendais un grondement guttural. N'ayant aucune chance de bien tirer sur le tigre, je résolus d'en faire naître une. Je lançai un sifflement qui attira son attention, car il releva la tête en poussant un grognement sourd, et je vis ses prunelles étinceler comme s'il eût regardé à travers les ténèbres dans ma direction. C'était l'occasion dont j'avais besoin : je visai lentement entre les deux yeux qui luisaient comme des charbons ardents, et je lâchai les deux détentes presque simultanément. Un rugissement rauque suivit la double détonation, que l'écho répéta dans les collines éloignées ; quelque chose d'énorme et de noir passa rapidement au-dessus de ma tête, et j'entendis un fracas de branches cassées dans le buisson situé en arrière de moi ; puis une plainte bruyante, un grognement particulier qui m'indiquaient que le tigre était gravement atteint.

Je saisis mon second fusil, j'enfonçai mes pistolets dans ma ceinture pour être prêt à en faire usage, et je me tournai vers l'endroit où le tigre paraissait être. En même temps, je prévenais Chincah et Googooloo pour les empêcher de quitter leur poste, car je savais à quel point un tigre blessé est dangereux en tout temps, mais particulièrement dans l'obscurité, quand il peut voir l'homme qui ne le voit pas. Après avoir reçu le contenu de ma carabine, il avait sauté, en effet, par-dessus l'embuscade, car je l'entendis se débattre dans le buisson situé derrière, grincer des dents et émettre d'étranges plaintes. Il paraissait de temps en temps se mouvoir autour de moi, et je croyais, à entendre sa respiration pénible, qui ressemblait à un ronflement sonore, qu'il était à mes côtés ; une ou deux fois, je m'imaginai que les buissons tremblaient comme s'il eût essayé d'arriver jusqu'à moi. Mais, préparé à tout événement, je demeurai tranquille, écoutant avec la plus grande attention le bruit de ses mouvements ; car les ténèbres étaient telles, que je ne pouvais pas même voir ma main. Chineah m'envoya deux ou trois fois un signal, mais je n'osai pas y répondre de peur d'attirer l'animal furieux sur mon affût. Après une longue incertitude pleine d'anxiété, je l'avoue, j'entendis le tigre blessé soupirer du plus profond de sa poitrine, puis ce soupir fut suivi de grognements étouffés et d'efforts convulsifs pour respirer ; puis j'entendis une lourde chute, un bruit de glouglou dans sa gorge, un râle sourd, et enfin plus rien.

Je présumais bien que mon adversaire était mort ; mais, pour en être sûr, j'attendis quelques minutes avant de quitter mon embuscade. Enfin, j'allumai une lanterne que je portais toujours avec moi, et qui s'attachait par un ressort au-devant de mon ceinturon, et, carabine en main, je sortis de mon fossé, j'explorai le buisson, et je trouvai le tigre étendu sans vie parmi quelques arbrisseaux brisés, à dix pas tout au plus de la place d'où je l'avais tiré.

J'appelai Chineah et Googooloo ; on alluma une torche, et je vis que mes deux coups avaient porté ; le premier, ayant frappé au milieu du front et sillonné la peau, avait glissé sur l'os; mais le second était entré dans la poitrine et paraissait avoir traversé les poumons, car le terrain aux alentours était couvert de sang et d'écume. L'animal, du reste, était magnifiquement marqué, bien qu'il ne fût pas tout à fait aussi gros que je l'avais pensé, d'après les larges empreintes de ses pattes.

Nous allumâmes alors un grand feu, nous nous enveloppâmes avec soin dans nos couvertures, et nous savourâmes un breuvage composé de punch chaud et de thé, ce qui nous fut aussi utile qu'agréable par le froid piquant du matin.

Mais bientôt le sommet des collines en face de nous commença de nous apparaître à la clarté de la lune qui se levait, et dont les rayons argentés éclairèrent toute la scène.

Nous enlevâmes une griffe de la patte droite du tigre, pour marquer que le gibier m'appartenait ; nous rassemblâmes les tapis et les couvertures, et laissant Googooloo sur la plate-forme pour veiller sur le corps, Chineah et moi nous mîmes nos carabines sur l'épaule, et nous redescendîmes en toute hâte vers ma villa, où nous arrivâmes au point du jour. Après avoir donné l'ordre au Gooroo d'aller avec quelques-uns de mes gens chercher la peau de l'animal, je me mis au lit et je goûtai plusieurs heures d'un sommeil dont j'avais grand besoin. Le déjeuner était sur table avant que je fisse mon apparition. Je fus chaudement félicité de mon succès par plusieurs camarades qui survinrent pour admirer la dépouille.

Le jour même, mon ami B... revint de son exploration dans la montagne. Il apportait d'excellentes nouvelles des bouquetins sur les Koondahs, en ayant vu deux troupeaux sur le sommet d'un pic isolé, dominant tout le bas pays. Nous ordonnâmes aussitôt à nos gens de se préparer à partir le lendemain, avec une tente, avant le point du jour, ayant l'intention de les suivre de près.

Le lendemain matin, mon ami B... et moi, nous montâmes à cheval et nous sortîmes de la vallée de Mala-Mund, couverts de costumes de moleskine gris américain, cette couleur étant la plus convenable pour aller à la chasse des bouquetins, attendu qu'à une courte distance on la distingue à peine des rochers parmi lesquels vivent ces animaux.

La chasse du bouquetin est la plus difficile de toutes les chasses au cerf, et constitue l'épreuve la plus rigoureuse des qualités d'un chasseur. Le bouquetin est en effet excessivement timide, et par cela même toujours en éveil. Il est doué d'une vue très-perçante ; il a les sens de l'odorat et de l'ouïe développés à un degré extraordinaire. Il se tient dans les lieux inaccessibles. Il faut pour le chasser une grande vigueur, une persévérance, une patience à toute épreuve, l'agilité du montagnard et une main ferme. Autrement on ne pourrait pas le suivre dans ses retraites, le long des rebords étroits de rochers escarpés, où le moindre faux pas, ou un seul instant de vertige seraient suivis d'une mort certaine.

Du reste, il est hors de doute que l'excitation produite par une pareille chasse emporte la crainte du danger ; j'en ai vu de nombreux exemples. C'est ici comme sur le champ de bataille. Un ardent chasseur comme un hardi soldat possède une énergie mentale supérieure à toute idée de péril, car, ne cherchant qu'à atteindre son but, il poursuit sa course avec cette obstination opiniâtre, cette inflexibilité de dessein, et cette insouciance de sa conservation personnelle qui le rendent invincible, et lui assurent le succès. A mon avis, le plus grand compliment qu'ait jamais reçu l'armée britannique a été quand Napoléon a dit que « les Anglais ne savaient jamais quand ils étaient battus. » Cette parole démontre le discernement de l'homme, et c'est ce mépris du danger qui nous a fait gagner Inkermann et d'autres glorieuses journées. Nos soldats, suivant les paroles du plus grand de nos bardes,

Appelaient de leurs vœux le combat pour lui-même,
Et tournaient en plaisir jusqu'au péril extrême.

Mais je dois, ami lecteur, vous demander pardon pour cette digression, car je me suis écarté de mon sujet en rêvant aux jours écoulés, et à tant de champs de bataille rudement disputés que j'ai vu conquérir enfin. Maintenant, décrivons le bouquetin des Nilgherri, qui est, je crois, d'une espèce particulière à cette chaîne de montagnes, car il diffère à plusieurs égards de ceux que l'on rencontre sur l'Himalaya ou sur le Caucase. Pour la forme, il ressemble un peu à la chèvre des Indes commune, mais le corps est beaucoup plus court en comparaison de la hauteur. Le plus grand que j'aie jamais vu,— qui avait été tué par mon ami B... sur les hauteurs escarpées des Koondahs,— mesurait six pieds huit pouces en longueur, du bout du nez à l'extrémité de la queue, cinquante pouces en hauteur à l'épaule, et il pesait, je crois, plus de deux cents livres. Les bois sont couleur olive foncé, avec des points noirs; ils ont environ dix pouces de longueur et quatre pouces et demi de circonférence à la base; ils sont annelés et s'écartent graduellement jusqu'à ce que les pointes aient près de six pouces d'intervalle entre elles. Ces bouquetins sont uniformément d'une couleur cendré clair, qui tourne au brun foncé sur le train de derrière et le devant des jambes, avec une raie presque noire courant le long de l'épine dorsale. La tête est couleur fauve, une partie de la face d'un beau brun, et le museau presque noir. Le derrière de la tête est garni d'une crinière hérissée, roide et droite, qui court le long du cou et des épaules, et devient graduellement plus courte sur le train de derrière. L'odeur de l'animal est particulièrement rance et désagréable, et la chair n'est guère mangeable en aucun temps, tant elle a le goût fort et sauvage.

Les bouquetins se trouvent en troupes dépassant rarement le nombre de douze individus, sur les pics escarpés des montagnes les plus hautes et les plus inaccessibles; leur nourriture se compose principalement des différentes mousses et de l'herbe courte, frisée et délicate, qui croissent sur les grandes hauteurs. Un vieux mâle prudent, qui a souvent un aspect tout à fait patriarcal, est généralement choisi comme chef du troupeau; et s'il voit quelque chose de suspect, ou s'il saisit quelque émanation douteuse dans l'air, un sifflement particulier avertit les autres et les fait se réunir et rester en alerte. Si le même signal est répété, ils détalent aussitôt en descendant ou en montant toujours une pente dans une direction oblique. J'ai vu quelquefois une vieille femelle mener le troupeau, et j'ai trouvé toujours en pareil cas qu'il était extrêmement difficile d'arriver à portée, car elles sont doublement rusées.

Six heures de course dans un pays des plus pittoresques nous amenèrent à notre campement, que Chineah avait établi près d'un torrent, au pied d'une haute montagne, au sommet de laquelle flottait une couronne de nuages. Cette montagne avait la réputation d'offrir les chances les plus favorables pour la chasse du bouquetin, car, par suite de son extrême inaccessibilité, elle était rarement visitée par les chasseurs, et le gibier y était peu troublé. Après avoir jeté un coup d'œil rapide sur les rochers dont nous aurions à faire l'ascension, nous nous rendîmes à notre tente, où nous trouvâmes un excellent dîner. Nous fîmes après le dîner quelques préparatifs, et nous nous couchâmes en même temps que le soleil, pour avoir une bonne nuit de repos qui nous permît de supporter la fatigue du lendemain.

Levés à la pointe du jour, nous trouvâmes le froid vif et piquant, et, en regardant dehors, nous vîmes que toute la chaîne des collines était enveloppée par le brouillard; un épais nuage blanc dérobait complétement à la vue la pointe du pic que nous avions l'intention d'explorer. Ce n'était pas encourageant; mais, au lever du soleil, les vapeurs commencèrent à s'ouvrir et à se séparer, et, dans l'espace d'une heure, les nuages se détachèrent et commencèrent à descendre lentement et majestueusement le long de la montagne, les uns restant immobiles sur les côtés, d'autres planant suspendus au-dessus des ravins et des vallons. Une belle journée se préparait. Nous partîmes, chacun de nous ayant choisi sa carabine favorite ; Chineah seul avait à garder un fusil de réserve, tandis que Googooloo, Naga et Hassan portaient de longues cordes et de courtes lances qui devaient nous servir dans l'ascension d'engins à escalade.

La route ne fut pas d'abord très-difficile, mais bientôt elle changea de nature et devint pleine d'obstacles. Nous avions souvent à ramper le long de rochers glissants, sur les mains et les genoux, et parfois nous étions obligés de retirer nos souliers en peau d'élan (qui portaient à dessein de très-légères semelles) pour prendre pied plus solidement. Le paysage était extrêmement sauvage, et un silence solennel régnait autour de nous ; on entendait seulement d'intervalle en intervalle le grognement sourd de quelque chasseur de la troupe, dont le chemin se trouvait obstrué à l'improviste par les rochers. Sur les pentes, la végétation de la montagne était semée de gouttes de rosée étincelant comme des diamants sous les rayons du soleil.

Après une rude ascension, nous nous arrêtâmes sur une saillie de rocher pour reprendre haleine, et comme, par suite de l'habitude des durs exercices, je me trouvais moins fatigué que les autres, je poussai en avant pour reconnaître le terrain. Tout à coup j'entendis un léger frôlement suivi d'un son pareil à celui d'un caillou qui roule, et, à ma grande surprise, je vis un bel élan mâle se lever de sa reposée, juste au-dessous du bloc de rocher contre lequel j'étais appuyé, et regarder majestueusement autour de lui la tête haute. J'épaulai sans bruit ma carabine, et tandis qu'il trottait tranquillement le long du flanc de la montagne, je m'attachai à le viser juste au défaut de l'épaule et je fis feu. Quand la fumée se dissipa, je l'aperçus couché sans vie sur la place, la balle lui avait traversé le cœur. La détonation attira bien vite à moi les chasseurs, et comme nous n'avions pas de temps à perdre, nous nous contentâmes de hisser notre proie, qui se trouvait être un cerf entier avec de beaux andouillers rameux, sur un bloc de rocher, et nous attachâmes un mouchoir de poche à l'une des extrémités de son bois pour écarter les vautours. Après avoir, pendant plusieurs heures, grimpé sur un terrain des plus accidentés, Naga appela notre attention vers quelque chose qui se mouvait le long du bord escarpé du rocher qui se dressait comme un mur au-dessus de nos têtes. A l'aide de ma lorgnette de campagne je distinguai là un beau bouquetin mâle ; c'était évidemment la sentinelle d'un troupeau en équilibre sur le pic. Comme il avait la tête tournée vers nous et semblait surveiller nos mouvements, je tenais pour asuré que notre présence était découverte, aussi, je dis à Googooloo, à Naga et à Hassan de rester tranquilles où ils étaient, tandis que mon ami B..., Chineah et moi nous ferions un détour pour le surprendre.

Avec une peine infinie nous gravîmes le rocher, en ayant à ramper le long des saillies en surplomb sur des précipices. Enfin, après une série de manœuvres et de détours, nous parvînmes au-dessus de notre prudente proie, qui paraissait encore surveiller avec attention les mouvements de nos gens placés au-dessous d'elle. Sept bouquetins, se fiant à sa vigilance, broutaient sans inquiétude près de là l'herbe courte et frisée de la montagne. En nous glissant de rocher en rocher, après une marche des plus excitantes par sa difficulté même, nous nous coulâmes derrière un bloc isolé, à cent vingt pas environ sous le vent du troupeau, qui continuait à paître insoucieux du danger ; et comme la nature du terrain était telle que nous ne pouvions espérer de nous faufiler plus près sans craindre grandement d'être découverts, nous nous préparâmes à prendre immédiatement l'offensive. Nous eûmes la précaution de mettre de nouvelles capsules à nos carabines. Mon ami B... visa un beau mâle, tandis que je me chargeais de la sentinelle, et à nos coups presque simultanés tous les deux tombèrent.

Je blessai une femelle de mon second coup, mais

elle partit la jambe brisée. Mon ami B... fut plus heureux ; il arrêta court une chevrette d'une balle à travers l'épine dorsale, et avec le fusil de réserve, il tua un jeune mâle comme il bondissait le long d'un rebord du rocher à quatre cents pas de distance au moins.

—Bien tiré, Ned, m'écriai-je un peu surpris de cette preuve splendide d'une adresse consommée dans le tir des armes à feu ; c'est un coup que je vous envie, car j'ai vu rarement un daim bondissant être atteint à une telle distance quoique j'aie chassé avec les plus fameux tireurs de l'époque. Cela eût réjoui le cœur du pauvre vieux Walter, de voir qu'un de ses élèves fait tant d'honneur à ses enseignements.

—Oui, certes, Hal, c'est un coup à longue portée, et j'en pouvais à peine croire mes yeux quand j'ai vu tomber la bête ; mais tout l'honneur, si honneur il y a, doit en revenir au vieux Purdey, qui a fait votre carabine, car je n'aurais jamais cru qu'un canon rayé pût envoyer le plomb si juste, et je ne m'étonne plus de votre chance à renverser les éléphants de droite et de gauche. C'est votre fusil qui fait tout, mon cher, c'est votre fusil ! Occupez vous du gibier, pendant que je vais mesurer la distance pour ma propre satisfaction.

La mesure prise, il se trouva que la distance était de cinq cent quarante-six pas, ou, en tenant compte des inégalités du terrain, d'environ quatre cents mètres. Tandis que Chineah achevait avec son couteau la femelle blessée par mon ami B..., j'allai m'occuper de la sentinelle, qui, à ma grande surprise, ne se retrouva plus, bien que je l'eusse vue tomber au moment où je l'avais tirée. En la cherchant partout, je rampai sur les mains et les genoux vers le bord du précipice, et, me couchant de toute ma longueur, je regardai en bas, où je fus très-étonné de voir l'animal mort sur une étroite saillie de rocher qui sortait de la fente escarpée de la montagne à environ trente pieds du sommet. Aidé de ma lorgnette, je pus voir que c'était un bel échantillon de l'espèce, avec des bois splendides; je résolus de ne le point perdre, coûte que coûte. Je me retirai donc avec précaution en arrière, et j'expliquai l'affaire à mon ami B..., qui me conseilla de l'abandonner comme gibier perdu. Mais je n'aimais point m'en revenir les mains vides, et ma détermination fut bientôt prise. J'envoyai Chineah chercher le reste de la troupe. Dès que les chasseurs furent arrivés, je pris de fortes cordes de soie dont ils étaient munis, j'y fis quelques nœuds pour faciliter la descente, puis, attachant solidement un des bouts autour de la base d'un immense bloc de rocher, je jetai l'autre dans l'abîme, en prenant la précaution de placer mon habit et la toile du turban de quelques-uns de mes gens sur le bord raboteux du roc, pour empêcher l'échauffement que causerait le frottement.

Tout étant prêt, malgré les remontrances de mes gens, qui craignaient que la corde ne vînt à casser, lorsqu'elle aurait à supporter le poids de la bête en sus de mon propre poids, je commençai à descendre. Mon ami B... lui-même détournait la tête, car la pensée seule d'une pareille descente lui donnait le vertige. Pour moi, ce fut chose assez facile, bien que je doive avouer que je me sentis un peu ému lorsque je me balançai dans l'espace, suspendu sur un précipice de six cents pieds de profondeur, par une corde qui n'avait pas trois quarts de pouce en diamètre et qui, n'étant pas fixée en bas, tournait sur elle-même et me faisait heurter contre des saillies le long du rocher. Mais ma suspension fut de courte durée, car je pris bientôt pied sur le rebord du rocher où était couché le bouquetin mort, et qui se trouva heureusement beaucoup plus large que je ne l'avais imaginé d'abord à le voir du sommet. J'eus bientôt attaché la corde autour de la tête de l'animal, et en donnant le signal convenu d'un sifflement, il fut hissé par mes hommes, qui me renvoyèrent ensuite la corde. Je grimpai assez facilement, mais j'eus grand'peine à remonter sur la cime de la montagne parce que j'avais les yeux aveuglés par le sable qui tombait de tous les côtés. Enfin j'y parvins, et nous commençâmes l'opération de l'enlèvement de la peau, qui nous occupa près d'une heure, après quoi nous descendîmes chargés de la tête et de la peau de l'élan. Nous arrivâmes à la tente juste avant le coucher du soleil. Pendant les cinq jours suivants, nous chassâmes dans ces parages et nous abattîmes treize bouquetins et deux bisons faisant partie d'un troupeau qui vint un matin de bonne heure près de notre tente. Après quoi nous revînmes à Ooty.

XV

CHASSE A L'ÉLÉPHANT DANS LA FORÊT, AU PIED DES NILGHERRI.

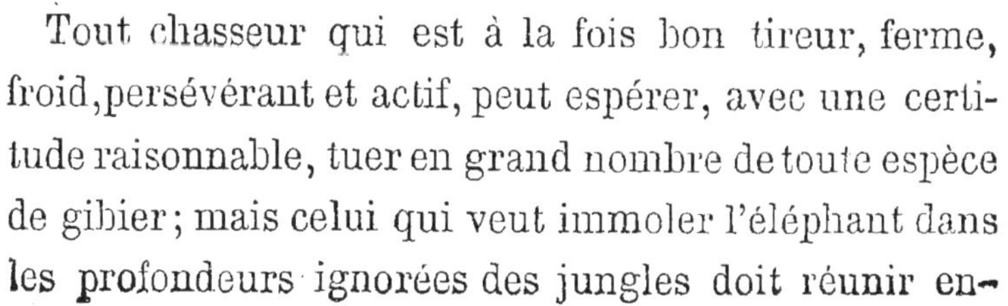

Tout chasseur qui est à la fois bon tireur, ferme, froid, persévérant et actif, peut espérer, avec une certitude raisonnable, tuer en grand nombre de toute espèce de gibier; mais celui qui veut immoler l'éléphant dans les profondeurs ignorées des jungles doit réunir encore d'autres qualités, s'il ne veut pas échouer dans son entreprise.

Le chasseur d'éléphants doit avoir une connaissance complète de la nature et des habitudes de ces animaux sagaces, dont les sens dépassent en finesse ceux de tous les hôtes de la forêt. Il doit connaître à fond leur structure particulière et leur anatomie, faute de quoi sa balle, quelque fidèle qu'elle soit, ne frappera jamais sûrement une partie vitale. Ce doit être un adepte dans l'art de suivre à la piste et de comprendre les signes des jungles, don naturel chez les peaux-rouges de l'Amérique et chez les tribus sauvages de l'Inde, et science difficile pour l'homme de l'Occident, qui ne l'acquiert que par une étude attentive et une longue pratique. Il doit encore être patient et rude à la fatigue, se contenter d'une maigre chère et d'un bien-être médiocre, attendu qu'il aura souvent à ne compter que sur son fusil pour vivre, et à dormir sur la terre pour lit, avec un arbre de la forêt pour tout baldaquin sur sa tête. Il devra enfin sentir avec le grand poëte :

> Qu'on trouve un charme étrange à la fois et sauvage
> Aux bois où nul encor ne s'est frayé passage,

et se plaire « dans la société où ne pénètre nul importun, » car il aura souvent à se contenter de la nature et de ses propres pensées pour toute compagnie, et il ne doit pas laisser abattre ses esprits par la solitude et le calme profond qui règnent dans l'épaisseur des bois.

Le chasseur doit dormir comme un lièvre toujours sur le qui-vive, toujours prêt à tout, toujours en éveil; il ne sait jamais, en effet, ce qu'il peut rencontrer, et quel danger peut amener un seul instant d'hésitation ou de négligence ! Endurci au péril, il ne doit jamais permettre à son esprit de se troubler, à son cœur de faiblir; autrement il ferait mieux de ne pas essayer de suivre la piste de l'éléphant dans ses retraites cachées au milieu des jungles épais, où ne pénètrent qu'à peine les rayons du soleil, où ne se fit jamais entendre la hache du bûcheron,—où les fièvres les plus pernicieuses se cachent dans les endroits les plus splendides à la vue; et où, à l'exception de certaines époques de l'année, l'air et l'eau sont empoisonnés de senteurs pestilentielles, et imprégnés des exhalaisons des feuilles en pourriture et de la matière végétale en décomposition, mort certaine pour le chasseur qui serait tenté d'accomplir sa mission périlleuse hors de la saison voulue.

Nonobstant le danger qu'elle présente, la chasse à l'éléphant a toujours été un des plaisirs favoris des employés de la Compagnie et des officiers de l'armée des Indes; aussi les noms des Oswall, des Rogers, des Godfrey, des Garrow, des Michael, et d'un ou deux autres sont-ils passés dans la langue vulgaire, à travers l'Inde, en raison de leurs nombreux coups d'audace et des périls auxquels ils ont su échapper.

Parfois des troupes d'éléphants quittent les profondeurs des jungles pour venir dévaster les plantations de cannes à sucre et les champs de riz des ryots. En pareil cas, le chasseur anglo-indien peut se trouver au milieu d'eux sans être obligé de pénétrer dans les forêts épaisses si pernicieuses pour la santé.

Un soir, en revenant à mon domicile d'Ooty, après un très-joyeux pique-nique donné par le receveur de Coimbatore, Chineah m'informa que des Mulchers, que j'avais envoyés en quête de gibier, étaient revenus du bas pays avec la nouvelle qu'un troupeau d'éléphants avait été vu près du Colunda-Nullah, petit torrent des montagnes à quelques milles au nord-est des collines.

Mes chasseurs n'avaient pas besoin d'ordres pour se préparer, aussi quand j'entrai dans le jardin je les trouvai habillés et prêts à partir. J'allai immédiatement revêtir mon costume de chasse en cuir, et arranger ma batterie et mes munitions. Quelques minutes après je montais mon cheval favori Gooty, et je me mettais en route, accompagné de Chineah, de Googooloo, de Mootoo et du Gooroo, qui portaient mes fusils, des haches, des lances, une lunette, etc. Deux Mulchers nous montraient le chemin, et nous étions suivis d'un groom qui menait une bête de somme chargée d'une large couverture en poils de chèvre, qui servait au besoin comme enveloppe ou comme tente, de vêtements de rechange, de quelques provisions et d'un peu de tabac.

La lune, se trouvant à son zénith quand nous passâmes le village de Coonoor, rendait la nuit aussi claire que le jour. Nous pûmes ainsi jouir du magnifique spectacle du célèbre défilé de Coonoor, où les fleurs des fougères, et les grandes herbes rampent enlacées d'une façon fantastique parmi les arbres gigantesques de la forêt, où le gracieux bambou contraste avec le feuillage plus sombre du figuier sauvage, et les masses épaisses des rhododendrons et des camellias. La vaste étendue de la forêt profonde et ondoyante comme une mer était diversifiée par de blancs précipices couverts de lichens, et par des pointes de rochers à l'aspect sévère, de toutes les formes et de tous les contours imaginables; quelques-uns s'élevant à des milliers de pieds en hauteur, qui semblaient balancer leurs fronts dentelés au-dessus de la tête du voyageur, tandis qu'il suivait les contours de la route descendant au ravin, et révélant à chaque détour, comme le kaléidoscope en mouvement, quelque spectacle imprévu et agréable à l'œil.

Sur le sommet d'un pic raboteux et presque inaccessible, qui projetait son ombre noire sur notre chemin, s'élève le petit fortin Hulli-Kul-Droog, bâti par Haïder Ali, et depuis longtemps abandonné aux oiseaux et aux bêtes de la forêt.

Comme je chevauchais, j'entendais l'aboiement aigu de l'élan par-dessus le murmure d'un torrent qui, étincelant comme de l'argent sous les rayons de la lune, coulait sur des masses arrondies de granit et des blocs de pierre verte aux angles émoussés, ou se précipitait en petites cascades, et tombait en écumant au fond du ravin escarpé. Parfois aussi je distinguais dans le lointain le rugissement sauvage du tigre, répété par les échos des bois, et immédiatement suivi par le chœur des hurlements lugubres d'une troupe de chacals.

Il était minuit passé quand nous arrivâmes au bungalow de Metrapolliam, village situé sur la rive droite de la rivière Bowani, et, après un repos de quelques heures, nous partîmes pour l'endroit où se tenaient les éléphants. Nous fîmes une marche de douze milles environ, en traversant par intervalles des jungles fort épais, et nous arrivâmes aux cabanes d'une tribu de Mulchers, où je laissai nos chevaux, qui ne pouvaient plus avancer dans le fourré.

Les Mulchers nous donnèrent à entendre que la

troupe des éléphants ne pouvait pas être à une grande distance; quelques-uns de leur tribu les avaient vus, la veille au soir, dans une vallée tout près du pied des collines, où ils les avaient entendus trompeter pendant la nuit.

Nous nous reposâmes une heure, et nous déjeunâmes sur le bord d'un charmant petit ruisseau, que nous suivîmes jusqu'à une certaine distance. Le Mulcher qui nous servait de guide nous fit remarquer l'empreinte d'un éléphant, ayant environ trois jours de date, et peu après nous rencontrâmes la piste d'un troupeau de huit éléphants.

Il était alors midi, et les rayons du soleil rendaient la chaleur excessive, aussi nous nous assîmes pour une heure sous un arbre, tandis que le Gooroo et le Mulcher allaient se consulter avec quelques-uns des hommes de la tribu, occupés à surveiller les mouvements du troupeau. Ils revinrent bientôt accompagnés de deux autres Mulchers, qui nous informèrent qu'ils avaient vu une troupe, se composant d'un mâle et de huit femelles, traverser les degrés inférieurs de la chaîne des Nilgherri.

Je tins avec mes chasseurs une courte consultation, et il fut décidé à l'unanimité que nous suivrions la trace aussi rapidement que possible ; nous continuâmes donc la poursuite à travers le fourré, sur les collines, dans des ravins presque impénétrables, jusqu'à ce que le soleil fût presque descendu au-dessous de l'horizon occidental. Nous fîmes une provision de bûches sèches pour entretenir le feu que nous allumâmes afin d'écarter les tigres, et, distribution faite des provisions et du tabac, nous nous couchâmes pendant que deux chasseurs faisaient le guet à tour de rôle, jusqu'à ce que la lune se fût élevée assez haut pour nous permettre de voir la piste et de continuer la poursuite.

Un ours paresseux (*prochilus labiatus*) et un ourson de moyenne taille furent reconnus par le Gooroo à mesure que nous avancions, et nous entendîmes un bison beugler dans un bouquet d'arbres près de nous. Sans les inquiéter, nous continuâmes notre course dans le sentier suivi par les éléphants, à travers les fourrés. Des tiges et des branches énormes avaient été brisées, des arbres déracinés ou rompus sur le passage des éléphants ; à de certaines places, ils s'étaient arrêtés à brouter le bois jeune, les pousses tendres et les plantes succulentes, et, comme nous traversions un ruisseau, il nous parut évident par les traces, que quelques-uns d'entre eux s'étaient roulés dans le sable.

Je constatai là qu'il y avait dans le troupeau un mâle pourvu de fortes défenses, car j'aperçus les marques de ces défenses sur le tronc d'un gros arbre de la forêt.

Je vis à la fraîcheur des pistes et à d'autres indices

que nous avions gagné beaucoup de vitesse sur le troupeau, et, nous trouvant un peu fatigués, nous nous étendîmes pour goûter quelque repos pendant deux heures; nous reprîmes notre marche aux premiers rayons de l'aurore.

Vers midi, après avoir traversé plusieurs ravins profondément boisés et des collines rocheuses, où l'éléphant, en dépit de son grand poids, laisse à peine quelque trace, le chemin n'étant indiqué que par une feuille arrachée, une petite branche brisée ou une pierre retournée depuis peu, nous entrâmes dans un jungle épais de bambous, et nous y trouvâmes un marais où les éléphants avaient évidemment passé la nuit. La piste s'échauffait.

Nous oubliâmes aussitôt notre fatigue, et, après avoir traversé un large ravin, vers les trois heures de l'après-midi, nous commençâmes à gravir une longue chaîne de collines rocheuses; la route paraissait difficile pour des animaux qui semblent si lourds, mais la voie était certaine, aussi nous allâmes de l'avant. Nous mîmes une heure à escalader une série de rochers escarpés et presque impraticables, et quand nous fûmes au sommet, j'eus le plaisir inexprimable d'apercevoir nos éléphants qui broutaient tranquillement, insoucieux de tout danger, à l'ombre de quelques gros arbres de haute futaie.

J'envoyai Mootoo, le Gooroo et les Mulchers sur un pic élevé, par une route détournée, afin qu'ils pussent surveiller les mouvements du troupeau. J'examinai avec soin mes armes, en vérifiant si la poudre garnissait bien les cheminées, et je me glissai doucement en avant, en profitant de tout couvert et de toute ondulation que je pouvais trouver. J'arrivai ainsi derrière un gros arbre, d'où je pus voir distinctement le troupeau, à soixante mètres de distance environ. Le mâle se tenait sur trois jambes, balançant de ci, de là sa masse énorme et s'éventant avec une branche d'arbre ; deux femelles reposaient près de lui, les autres étaient plus loin.

Je m'assurai que j'étais bien contre le vent par rapport à eux, puis, faisant signe à Googooloo de rester caché, je me coulai en avant avec ma carabine, suivi de Chineah portant mes deux autres fusils de gros calibre.

Après une marche des plus attentives et des plus excitantes, j'atteignis un arbre à trente pas environ du groupe. Je repris haleine et essuyai sur mes yeux la transpiration qui me coulait du front, puis je me glissai sous le couvert de quelques buissons bas, jusqu'à un bouquet de bambous, à portée de pistolet du mâle ; j'étais à peine arrivé là, que je vis que j'étais découvert, car une des femelles bondit tout à coup avec un cri sauvage et fit quelques pas en avant, la queue au vent.

Le mâle fit aussi un mouvement en tendant sa trompe, et me présentant ainsi un beau coup à tirer. Il n'y avait pas une seconde à perdre, je levai ma carabine, je visai tranquillement et posément le trou situé au-dessus de la trompe (de la largeur d'une soucoupe environ), au centre du front, et je fis feu. Une lourde chute suivit immédiatement le bruit de la détonation; mais, avant que la fumée se fût dissipée et que je pusse voir le résultat de mon coup, la femelle se précipita frénétiquement en avant, et faillit me renverser presque dans sa course, tandis qu'elle brisa un dattier sauvage à trois mètres de l'endroit où je me tenais.

Toutefois, comme elle ne paraissait pas me remarquer, et partait en trompetant dans une direction opposée à celle prise par le reste du troupeau, je ne l'inquiétai pas pour le moment. Je désirais avant tout m'assurer du mâle. Je le trouvai roide mort, les jambes de devant repliées sous lui, celles de derrière étendues droites, et les défenses profondément enfoncées dans la terre, par suite de sa chute.

A ce moment, Googooloo attira mon attention par un signal, et, m'étant retourné, je vis ma vieille amie, la femelle qui avait donné l'alarme, aidant un jeune éléphant à traverser un terrain un peu difficile, à deux cents mètres environ de distance. Comme elle s'en allait d'un trot irrégulier, qui m'ôtait tout espoir de m'en rendre maître, je visai le petit, que je blessai grièvement, en le faisant rouler du coup sur lui-même. A peine la fumée s'était dissipée, que la femelle se ruait sur moi avec un cri féroce. Je la laissai arriver jusqu'à vingt pas, et je lui déchargeai en plein front deux coups de droite et de gauche; elle s'arrêta court et tomba sur ses genoux. Googooloo, qui se tenait ferme à côté de moi, me tendit mon second fusil, avec lequel je donnai à la femelle le coup de grâce.

Je rechargeai mes armes et j'achevai le jeune éléphant, et, comme il n'y avait pas d'autre mâle dans le troupeau, je ne pris point la peine de le suivre plus loin. Je donnai ordre à Chineah et au reste de ma troupe de bâtir une cabane, tandis que j'irais, avec Googooloo, essayer de tuer un cerf pour notre nourriture. Mais, après une rude fatigue, tout notre gibier se réduisit à un gros porc-épic, un paon, un chat sauvage et trois singes noirs. Ce dernier gibier parut être tout à fait du goût des Mulchers.

A mon retour près de mes chasseurs, je trouvai la cabane construite, un lit de feuilles et un plat assez savoureux réservé pour moi, lequel consistait en un pied d'éléphant cuit sous la cendre, dans une pâte de terre pour enveloppe. Le repas achevé, on fit un grand feu, et nous nous assîmes tous à l'entour pour savourer « le parfum des feuilles narcotiques du tabac embrasées, » tandis que le Gooroo et Chineah, tour à tour, chantaient un morceau improvisé sur un ton lent et monotone pour célébrer les exploits de la journée, et que tous les autres reprenaient le refrain en chœur.

Pour moi, je m'endormis, et ne me réveillai qu'au grand jour le lendemain. Je trouvai mes chasseurs activement occupés, avec leurs haches, à couper les défenses, qui pesaient quatre-vingt-quatorze livres la paire. Il était près de midi quand nous nous mîmes en route pour revenir, et ce ne fut que tard, dans la nuit, que nous arrivâmes aux cabanes des Mulchers, où nous avions laissé les chevaux. Nous y passâmes la nuit, et revînmes à Ooty le jour d'après.

XVI

CHASSE A L'ÉLÉPHANT DANS LA FORÊT D'ANNAMULLAY.

Coimbatore a toujours été considéré comme un de nos cantonnements les plus agréables de l'Inde méridionale, non-seulement à cause de sa proximité des montagnes Nilgherri et Annamullay, et de son climat comparativement frais et salubre, mais encore parce que c'est une station isolée, où un seul régiment tient garnison, ce qui rend le service extrêmement doux et les congés faciles à obtenir. La ville elle-même est située à environ quatorze cents pieds au-dessus du niveau de la mer, dans un pays sec et bien cultivé. Elle est proprement bâtie et se compose d'une douzaine de rues larges et bien aérées. Tippoo-Sultan, le rajah de Mysore, résida quelquefois au vieux palais, dont les ruines sont encore debout, et il y fit construire une belle mosquée.

Les quartiers des officiers sont solidement bâtis et délicieusement situés en dehors de la ville indigène, près d'un lac de trois milles de longueur, lequel, dans la saison, est couvert d'oiseaux aquatiques de toute espèce, tandis que dans les roseaux et les marécages voisins on trouve des bécassines par milliers. Pour l'amateur de gros gibier, cette station offre, en outre, des avantages particuliers, et les jungles de la forêt vierge qui entoure les chaînes des Nilgherri et des Annamullay sont hantés par toute espèce d'animaux féroces.

On y trouve en abondance du bois de teck, du buis, du bois de santal et autres essences précieuses qui sont malheureusement trop éloignées d'un fleuve pour être d'une exploitation facile.

La fin de décembre, — alors que les pluies de la mousson du nord-est sont passées et que le soleil est parvenu à sa déclinaison la plus méridionale, — peut être considérée comme la saison la plus froide de l'année dans tous ces pays au nord de l'équateur, car le thermomètre varie, à l'ombre, entre 16 et 24 degrés centigrades. Le climat y est délicieux pendant ce temps, et la forêt passe pour être exempte de ces fièvres qui sont le danger le plus grand auquel le chasseur soit exposé dans les Indes.

J'avais quitté mon cottage près d'Ooty, ayant été informé qu'on avait vu une troupe considérable d'éléphants près des jardins du collecteur, dans la vallée Bolanputty. Je m'étais arrêté chez un de mes amis qui servait dans le régiment alors en garnison à Coimbatore, tandis que mes chasseurs étaient allés aux renseignements. Après une absence de cinq jours, ils revinrent sans avoir découvert la moindre piste.

Suivant ma constante habitude, avant le départ des gens de ma troupe, je leur avais distribué quelques roupies pour acheter des moutons et des volailles qu'ils offraient en sacrifice aux *sawnies,* afin de se rendre favorables ces divinités. Or, il paraît qu'en cette occasion, l'insuccès de la reconnaissance avait excité leur indignation contre une certaine image en pierre d'Hanimann (le singe-dieu), dans le voisinage du lac. Des moutons avaient été sacrifiés, des coqs immolés, des noix de coco brisées et des palettes d'encens brûlées devant elle, sans que la recherche du gibier eût obtenu de résultat.

J'étais en train de savourer un cigare après dîner, quand j'entendis des vociférations retentir dans le logement de mes gens. Je sortis pour voir ce qui était arrivé, et je trouvai toute la troupe réunie en cour martiale pour juger le récalcitrant sawny. J'écoutai sans être vu. Le Gooroo gesticulait d'une façon extraordinaire et s'exprimait à peu près en ces termes : « Frères, nous voici tous très-fatigués, les pieds meurtris, les jambes et les bras remplis d'épines pour avoir erré pendant cinq jours à travers les bois, et cela inutilement, puisque les éléphants (*que leurs pères soient brûlés!*) n'ont pu être trouvés nulle part, et nous avons dû revenir, la face noircie, devant le maître, et recevoir ses reproches. N'est-ce pas là une conduite indigne, de la part de ce sawny à face de singe, à qui nous avions offert des sacrifices de moutons et de coqs? Souffrirons-nous qu'il se moque de nous et qu'il souille nos barbes de cette manière? Non, frères; vengeons-nous! Hé, là-bas! Ali-Beg, vous êtes musulman, et vous ne craignez pas le mauvais œil d'un sawny hindou. Prenez ce fils maudit de pères brûlés et de mères déshonorées qui a osé nous attirer tout ce mal, flétrir nos barbes et faire que le maître détourne sa face de nous, cassez-lui le nez et les oreilles, arrachez-lui les yeux, qu'il ne puisse plus retrouver son chemin, et jetez-le dans le lac. »

Toute la troupe approuva cette sentence, et, au milieu des huées, des exécrations, la statue fut arrachée de l'endroit où elle était peut-être depuis des siècles. Après avoir été mutilée par Ali-Beg et soumise aux plus vils outrages, elle fut jetée dans le lac; mais pas un Hindou n'avait osé la toucher du bout du doigt.

Je me retirai sans bruit, et connaissant le caractère de mes gens, je résolus de tourner leur superstition à mon avantage. Quelques jours plus tard, pendant une chasse au cerf, profitant d'un moment où le Gooroo était séparé du reste de la troupe, je me cachai près de lui, sous une masse de plantes parasites, et, déguisant ma voix, je l'apostrophai d'un ton sépulcral :

—Oh! Perriatumbee! Perriatumbee! (le *Gooroo* n'était qu'un surnom), je suis le dieu Hanimann, que toi et tes misérables compagnons avez fait outrager et jeter au fond du lac. Je ne suis pas mort, comme vous en aurez la preuve, bien que je sois resté huit jours sous l'eau. Je puis te voir, quoique Ali-Beg ait essayé de m'arracher les yeux. Je puis t'entendre, quoique mes oreilles soient mutilées. Je puis sentir ton ignoble carcasse, quoique le bout de mon nez ait disparu, et je ne sais qui me retient de t'étrangler avec mes deux mains, bien que mes bras aient été cassés grâce à toi!

Au premier son de ma voix, le Gooroo essaya de

faire un bond pour s'enfuir ; mais dans sa terreur folle il se heurta le pied contre la racine d'un arbre et tomba lourdement de toute sa hauteur sur le sol, où il se mit à se tordre convulsivement comme s'il eût combattu quelque ennemi invisible, en gémissant et en se couvrant la tête de ses vêtements.

Je profitai de son épouvante et je continuai sur le même ton :

—Oh ! Perriatumbee ! n'as-tu point de honte d'avoir ainsi maltraité ton bon sawny Hanimann ? N'as-tu point attaché sept queues d'éléphants mâles, tués par ton maître, en ceinture sacrée autour de l'image de la déesse Ganesca ? Oh ! Perriatumbee ! mon mauvais œil sera toujours sur toi et sur tous ceux qui m'ont insulté, pour vous faire du mal à tous, jusqu'à ce que vous m'ayez orné les reins d'une ceinture pareille, et que mes blessures aient été frottées par vous avec la graisse et le sang de beaucoup de tigres. Je n'ai pas besoin de moutons et de coqs, car ce qu'ils coûtent sort de la poche de votre maître, à qui je souhaite bonne chance, puisqu'il ne m'a jamais fait de mal et ne doit point souffrir de vos méfaits. Allez, montrez-lui des traces fraîches d'éléphants et de tigres pour qu'il puisse les tuer, et apportez-moi leurs dépouilles en offrande, afin que je ne sois pas forcé de vous anéantir tous comme le méritent vos crimes !

Cela dit, je me retirai sans bruit et rejoignis le reste de ma troupe; mais une demi-heure n'était pas écoulée que le stratagème commençait à opérer. Mes gens se réunissaient par groupes et chuchotaient mystérieusement entre eux. De temps en temps, les noms d'Hanimann et du Gooroo frappaient mon oreille. Je compris que cette apparition surnaturelle avait produit une grande sensation, que je portai à son comble en leur disant que comme je passais près d'un peepul aux feuilles de tremble (arbre sacré chez les Hindous), j'avais entendu une voix douce comme celle d'une jeune fille, s'écrier :

—Pourquoi, maître, pourquoi restez-vous à chasser dans ces jungles quand les éléphants, voués à la mort, vous attendent sur la montagne Annamullay, où vous pouvez les suivre en ce moment tout à votre aise, puisque les fièvres n'y sont pas?

J'ajoutai qu'ayant regardé de tous les côtés pour voir d'où venait cette voix, je n'avais aperçu qu'un vieux singe d'un aspect bizarre, qui avait disparu à mes yeux en un instant. Je racontai cette histoire avec la gravité la plus grande et tout le sérieux possible; aussi l'effet en fut prodigieux. — Tous mes chasseurs se mirent à pousser des exclamations, à secouer la tête, à se faire des signes d'intelligence, et à déclarer que la voix avait dit la vérité, et que nous n'avions rien de mieux à faire que de préparer immédiatement une expédition pour cette partie du pays. C'était tout ce que je désirais, car bien qu'en cette saison les jungles passassent pour être exempts de fièvres, la crainte de l'effet mortel produit par le mauvais air dans ces forêts inaccessibles et inconnues était telle, que jusqu'alors ni encouragements, ni promesses, ni présents n'avaient pu décider mes gens à m'y suivre; et cependant on savait qu'elles abondaient en gros gibier de toute espèce. Étant donc arrivé à mon but en agissant sur la crédulité de mes chasseurs, j'ordonnai de faire les préparatifs nécessaires pour partir le jour suivant avec mon hôte, qui voulait m'accompagner. Il n'y eut pas de récalcitrants.

Pendant la nuit, j'entendis le vacarme de la musique hindoue, et mon premier domestique, Yacoub-Khan, un musulman, m'informa que ma troupe avait, ce soir-là, donné à manger à vingt brahmines et qu'elle accomplissait une cérémonie religieuse en l'honneur du dieu Hanimann. Le lendemain matin, comme je passais près du lac, je vis l'image du dieu dans sa position première, ornée de guirlandes de jasmin, revêtue d'une couche d'ocre jaune et parée d'oripeaux. L'idole avait été repêchée dans le lac et rafistolée aussi bien que possible.

Nous nous occupâmes sans retard d'amasser des provisions, de fondre des balles et des lingots et d'arranger nos bagages, toutes choses qui devaient être portées à dos de cheval ou sur les épaules des coolies, et le soir, aussitôt que la lune se leva, la caravane, escortée par mes chasseurs, partit pour Annamullay, village considérable à environ cinq milles du défilé qui conduit au sommet de la montagne. Mon hôte et moi les suivîmes à cheval le lendemain, et nous passâmes la plus grande partie de la journée à chercher des villageois qui connussent quelque peu la contrée. Nous réussîmes, grâce à l'intermédiaire du chef de la police, à nous assurer les services de trois hommes dont l'emploi consistait à aller chercher des cardamomes dans l'épaisseur des jungles. Sous leur conduite nous gravîmes les montagnes par un passage escarpé, extrêmement difficile pour nos bêtes de somme, et après une rude journée de fatigue, nous arrivâmes à la hutte d'un célèbre tueur d'éléphants, qui avait établi son quartier général dans une petite clairière, pratiquée par lui au cœur des bois près de la chute d'eau de Tunnacooddoo.

C'est l'agent nommé par le gouvernement anglais pour la perception du revenu de ce district sauvage. Il a de plus la surveillance des forêts de tecks, dont il ne laisse couper aucun arbre sans le payement d'un certain impôt. Le bois abattu reste sur le terrain un certain temps pour être préparé, après quoi il est traîné par des éléphants dressés à cette besogne au bas des escarpements et des pentes de la montagne, jusque dans le pays plat où il est recueilli, flotté le long de la rivière jusqu'à Ponani, ville située sur la côte, d'où il est embarqué pour Bombay; delà il s'en exporte beaucoup pour la construction des navires. Ce fonctionnaire nous reçut avec cordialité, et me remit une carte de ses explorations dans la forêt environnante. Il désigna en outre six Carders (hommes d'une tribu sauvage des jungles qu'il avait apprivoisés), pour nous accompagner dans notre excursion. Nous allumâmes un énorme feu de bois à côté de sa cabane, car la nuit était très-fraîche; après quoi nous prîmes un excellent dîner suivi de longues causeries, et nous allâmes nous coucher.

Le jour suivant, pour nous faire la main avant d'entreprendre une expédition plus importante, nous chassâmes le bison. Mon compagnon eut l'occasion de tirer un coup de fusil et de blesser un bison, dont le cadavre fut trouvé quelques jours après par les Carders.

Notre hôte nous recommanda d'aller à Taketty et d'y bâtir une cabane pour quartier général, car cet endroit est peuplé d'éléphants; il avait tué récemment cinq mâles près de là.

Comme la forêt était impénétrable pour nos animaux de transport, une partie de la troupe dut descendre dans la plaine et remonter par un passage différent. Ce voyage fut accompli en un jour, et elle arriva à Taketty avant le coucher du soleil.

Le lendemain, nos gens construisirent deux huttes, l'une pour nous, et l'autre pour les domestiques et pour les chevaux, qui auraient été enlevés par les tigres, la nuit, si nous les avions laissés attachés à des piquets au dehors. Notre hôte étant appelé par le devoir de sa fonction dans la plaine ne put nous accompagner. Nous lui dîmes adieu, et, sous la conduite de quelques hommes de la tribu des Carders, nous rejoignîmes la troupe, que nous trouvâmes très-confortablement établie. Le jour d'après, nous envoyâmes chercher dans le bas pays six charges de bœufs en riz et en carry, une douzaine de moutons, une couple de chèvres laitières et une grosse de volailles.

Nous fîmes ensuite une reconnaissance de la partie des jungles qui environnait notre hutte. Nous y trouvâmes plusieurs vieilles traces d'éléphants, et l'un des bûcherons qui nous accompagnait nous dit que quelques-uns de ses gens en avaient vu une troupe à peu de distance, vers Cawderpuddy, où ils étaient occupés à couper du bois deux jours auparavant.

Sur cet avis, nous partîmes dès le matin, guidés par le bûcheron, avec deux Carders portant des haches, des provisions pour trois jours, et de larges couvertures en poils de chèvre pour nous abriter.

Nous arrivâmes bientôt à Cawderpuddy, où nous trouvâmes une vingtaine d'hommes occupés à couper du bois. Nous y apprîmes qu'une troupe de quinze éléphants, parmi lesquels il y en avait deux pourvus de défenses, avait été vue broutant tranquillement dans une vallée à trois milles de là environ, le matin précédent, par quelques femmes qui étaient allées y cueillir du *barjee,* espèce d'épinard sauvage, et, moyennant un peu de tabac, un des hommes s'offrit à nous montrer l'endroit. Après deux heures de marche pénible à travers des fourrés épais, nous arrivâmes à une clairière découverte, au bout de laquelle s'étalait un marais où une troupe de sangliers était en train de se vautrer. Nous y trouvâmes la piste d'une forte troupe d'éléphants, n'ayant pas plus de quelques heures d'avance sur nous. Nous la suivîmes jusqu'à ce que le soleil commencât à disparaître sous l'horizon; arrivés à un cours d'eau, je donnai l'ordre de faire halte et de préparer le souper, tandis que je chercherais une place convenable pour passer la nuit.

En ma qualité de vieux coureur des bois, habitué à camper en plein air, je n'étais pas très-difficile. Ma principale attention était de nous protéger sur le flanc, pour éviter la possibilité d'être surpris par les bêtes sauvages; un lit de sable sec, sous une rive élevée en pente, de laquelle se projetaient en avant deux blocs de rochers d'environ dix pieds de saillie, semblait nous offrir une forteresse naturelle, si bien qu'en faisant un grand feu par devant, nous étions inattaquables de tous les côtés. Chineah et Googooloo étendirent une des couvertures sur deux bambous, de façon à former une espèce de tente pour nous abriter contre la rosée, tandis que les Carders ramassaient des tas de feuilles mortes pour notre couche, et un nombre de bûches suffisant pour entretenir un grand feu pendant toute la nuit. Notre souper, composé de carry et de riz, fut bientôt prêt et expédié; puis le cigare eut son tour. Après quoi nous relevâmes le quart, nous examinâmes nos armes avec soin, et nous nous couchâmes, chacun de nous roulé dans une couverture en poils de chèvre.

J'avais dormi quelques heures, quand soudain je fus éveillé par Chineah, qui sifflait tout bas d'une façon significative, signal qui, chez mes chasseurs, indiquait que quelque chose était sur pied. J'écoutai attentivement pendant quelques minutes; j'entendis craquer avec fracas les bambous, comme si quelques gros animaux se frayaient un chemin à travers le jungle. En même temps retentissait un souffle bruyant que je pris d'abord pour le grognement d'un bison; mais je reconnus bientôt que c'étaient des éléphants qui trompetaient, et le son éclatant des arbres brisés à une très-courte distance de nous ne me laissait aucun doute sur la présence d'une de leurs troupes dans notre voisinage. Je renouvelai les capsules de mes fusils, craignant que les anciennes n'eussent été gâtées par l'humidité, et, prenant avec moi Chineah (sur le courage de qui je savais pouvoir compter), pour porter mes armes de réserve, j'avertis les autres chasseurs de se tenir tranquilles jusqu'à mon retour.

La lune en son plein était presque à son zénith, en sorte que nous n'éprouvions aucune difficulté à distinguer notre route, guidés par le fracas des arbres rompus en éclats, qui retentissait presque aussi fort que le bruit de la fusillade, quand ces hôtes énormes de la forêt se ruaient à travers les fourrés, en renversant et arrachant tout sur leur passage.

Comme nous allions en avant, j'entendis un frôlement et un sifflement aigu, et je ne pus m'empêcher de frémir à la vue d'un gros serpent de l'espèce des boas, replié autour d'un dattier.

Il ne bougeait point, je passai outre, et, après une marche d'à peu près une demi-heure, j'arrivai à un large étang, où trois éléphants s'amusaient à aspirer l'eau dans leurs trompes et à la lancer en l'air ou sur leur corps. Je remarquai qu'aucun d'eux n'avait de défenses ; aussi me gardai-je bien de les inquiéter, et je me glissai le long de l'étang ombragé par le couvert, en ayant soin de me tenir toujours sous le vent, pour les empêcher de sentir ma présence. Après avoir passé le marais, j'entrai dans un jungle de bambous assez découvert, et, d'après les bruits particuliers que j'entendais de toutes parts, je reconnus que j'étais au milieu d'une grande troupe d'éléphants.

Je vis plusieurs groupes de femelles brouter çà et là. Je me frayai un chemin au milieu d'elles, Chineah se tenant près de moi l'œil aux aguets pour découvrir un animal à défenses. Nous fûmes plusieurs fois sur le point d'être aperçus, bien que nous restassions dans l'ombre autant que possible, en ayant soin toujours de nous tenir sous le vent. J'avais compté seize éléphants dépourvus de défenses, quand mon attention fut attirée par un grognement sourd. Ayant tourné le couvert d'un épais buisson, j'aperçus un mâle majestueux, orné d'une superbe paire d'ivoires, accompagné d'une femelle, et qui se balançait en avant et en arrière, comme pour s'amuser à faire le beau.

Je me glissai en avant avec précaution, suivi par Chineah, et après quelques pas je parvins à me cacher derrière un massif de bambous près duquel se tenaient les éléphants. J'y restai sans bouger, le mâle ne me présentant point la chance d'un beau coup. Enfin il se détourna en me faisant face, mais la tête dirigée vers la femelle, qui juste au même moment parut avoir le sentiment de notre présence, car elle leva sa trompe et arracha un des bambous qui nous couvraient. Il n'y avait plus de temps à perdre. Je poussai un sifflement aigu qui fit que le mâle étendit les oreilles et tourna la tête dans ma direction en me présentant le front bien en face. Je visai avec soin entre les deux yeux, et je lui envoyai le contenu de mes deux canons, de droite et de gauche, à une seconde d'intervalle. Un cri rauque suivit la double détonation et réveilla les échos de la forêt.

L'animal recula de deux pas en chancelant et en trébuchant comme un homme ivre, puis ses jambes vigoureuses cédèrent sous lui et il tomba à genoux. Je pris un second fusil aux mains de Chineah, et craignant que l'éléphant ne fût peut-être qu'étourdi, je m'avançai vers lui et j'envoyai une balle dans l'oreille ; mais il n'en avait pas besoin, et ne fit plus un mouvement : il était mort. La femelle qui était avec lui se précipita avec frénésie à travers le jungle, en trompetant et le reste de la troupe, prenant l'alarme, s'élança vers une vallée boisée avec une vitesse qui défiait toute poursuite.

Chineah coupa la queue comme trophée, et, après avoir examiné notre prise, dont les défenses étaient magnifiques, nous rejoignîmes le reste de nos gens, qui attendaient avec anxiété notre retour ; nous nous roulâmes de nouveau dans nos couvertures, et nous nous endormîmes profondément.

Celui qui dort avec un arbre pour baldaquin, une

pierre pour oreiller et la terre pour lit, n'est guère disposé à faire le paresseux; aussi étais-je éveillé et debout dès que la clarté bleuâtre du matin devint visible à l'horizon; quelques heures de repos avaient eu l'effet désiré, de rendre à la fois la force au corps et la vigueur à l'esprit. Je m'étais levé plein de santé et dispos pour la fatigue d'une autre rude journée.

Après une ablution rapide dans le ruisseau, j'allumai un cigare, et, guidé par l'empreinte de mes pas, je me dirigeai avec mes chasseurs vers le théâtre des opérations de la nuit dernière. En route j'aperçus le serpent qui m'avait tant effrayé dans l'obscurité, encore à la même place, roulé autour du dattier et profondément endormi, dans un état de réplétion complète. Je vis du premier coup d'œil que c'était un damian, serpent des rochers (espèce de boa), magnifiquement marqué; je résolus de le prendre vivant. Cela fut bientôt fait. Chineah attacha un nœud coulant à un fort bambou, et, le passant sur la tête du reptile, il se mit à tirer, tandis que quelques-uns de mes chasseurs frappaient la queue avec des bâtons jusqu'à ce qu'il eût déroulé ses replis de l'arbre et se fût enroulé autour du bambou, auquel il fut attaché avec des tiges grimpantes. Il mesurait environ onze pieds de longueur et plus d'un pied en circonférence. Un panier d'osier fut bientôt confectionné, et, au bout de quelques jours, il devint tout à fait apprivoisé, n'essayant pas de s'échapper quand on le prenait en mains[1].

Notre captif étant en sûreté, nous nous rendîmes à l'endroit où gisait l'éléphant mort, et tandis que quelques-uns de la troupe travaillaient à tour de rôle à couper ses défenses à coups de hache (opération ennuyeuse et longue qui exige beaucoup de soins), et que d'autres préparaient notre repas du matin, je me mis à courir les environs avec Googooloo, et j'examinai les traces des éléphants pour constater s'il y avait parmi eux quelque animal à défenses qui valût la peine que je le suivisse.

Notre recherche fut heureuse, car la troupe était évidemment beaucoup plus considérable que je ne l'avais imaginé, et nous trouvâmes la piste d'un gros éléphant, qui, à en juger par ses dimensions, devait être porteur d'ivoires d'un grand poids. D'après les traces que je suivis, je m'aperçus que la panique causée par mes coups de feu n'avait pas été générale parmi les éléphants. Je me décidai, en conséquence, à les poursuivre, et je revins près de mes chasseurs pour les presser. Les défenses, qui pesaient environ soixante-dix livres, furent confiées aux soins de Mootoo, de Veera-

[1] Je le donnai plus tard à A. Bain, esq., de Madras, qui l'a envoyé au jardin zoologique de Liverpool, où il est maintenant, beaucoup augmenté de dimension.

pah et de trois hommes de la tribu des Carders, pour les porter à notre cabane.

Après une poursuite de deux heures, nous arrivâmes à un cours d'eau serpentant à travers l'épaisseur des jungles, et nous remplîmes nos *mushucks* (grandes bouteilles en cuir), pour le cas où nous ne trouverions pas d'eau potable plus loin ; puis nous continuâmes notre course.

A mesure que nous avancions, le bois devenait de plus en plus ouvert, coupé çà et là par de belles clairières vertes, qui me rappelaient beaucoup l'aspect des parcs de « la joyeuse Angleterre. » De tous côtés on voyait de magnifiques bouquets de tecks entremêlés de peepuls, de jaquiers et d'acacias, aux branches entrelacées de vigne sauvage et couvertes de grappes d'un pourpre délicieusement doux à l'œil, de convolvulus de toutes couleurs, et d'autres belles plantes parasites en fleur. C'était un jardin sauvage planté par la nature. Frappé de la beauté étrange de cette scène, je m'assis pour la contempler à loisir. Tous les sens étaient satisfaits. L'œil s'égarait avec délices parmi les jolis points de vue à travers le feuillage, et parmi de verdoyantes clairières variées par des parterres d'orchidées en pleine fleur de toute nuance, dont la présence remplissait la forêt d'alentour d'une senteur embaumée, et chargeait des plus doux parfums la brise fraîche qui venait se jouer autour de nos tempes brûlantes.

Le *bulbul* (rossignol des Indes) luttait de mélodie avec les chantres ailés de la forêt, et lançait dans les airs ses notes douces, claires et harmonieuses.

Pendant quelques moments je me sentis tellement ému de la suprême beauté du site étalé devant moi, que je m'absorbai dans mes pensées. L'imagination, pour l'instant, prit le dessus et m'entraîna si loin, que même les éléphants furent oubliés.

Sensations rapides, promptement évanouies, car mes yeux furent bientôt rabaissés vers la terre, et ma rêverie interrompue par Chineah, qui déposait devant moi des grappes de raisin délicieux qui s'offraient à la main et tentaient partout les regards.

Cependant, après cet instant de repos, Googooloo et Naga reprirent la piste et nous continuâmes la chasse. Comme ils se hâtaient en avant, le corps penché et les yeux glissant le long de la voie, ils me rappelaient des chiens courants en quête et se dirigeant par le flair; mais, à la différence de ceux-ci, mes traqueurs ne faisaient aucun bruit, ne parlant que rarement sinon jamais. Infatigables, habitués à une lutte constante contre les éléments et contre les sauvages habitants de la forêt, ils aimaient leur rude besogne comme le limier aime la piste; et la faim, la soif, la fatigue devaient devenir excessives avant de leur faire quitter la partie.

Nous continuâmes la poursuite pendant bien des heures, jusqu'à ce qu'enfin la nuit fût venue. Nous nous arrêtâmes et tînmes une courte consultation sur ce qu'il y avait à faire. Après un moment de délibération, nous convînmes de suivre les pistes à la lueur des torches.

La nuit, en effet, commençait à peine; il pouvait s'écouler bien des heures avant que nous eussions la clarté de la lune, qui ne devait guère se lever qu'après minuit, et pendant ce temps, le troupeau qui, d'après la fraîcheur des voies, n'avait évidemment pas une grande avance sur nous, aurait pu franchir une longue distance.

Après avoir allumé une grosse lanterne à œil-de-bœuf (que portait toujours un de mes gens), et des branches sèches de bois résineux, nous continuâmes la chasse en suivant les traces presque aussi vite qu'auparavant. Je calculai que nous pouvions parcourir plusieurs milles avant le matin, et peut-être même rejoindre les éléphants.

Nous descendîmes dans une profonde vallée, et nous y rencontrâmes un obstacle qui menaçait de nous arrêter tout à fait : c'était une pièce de jungles de bambous où nous pouvions à peine pénétrer sans le secours de nos haches. Nos lumières aussi devenaient insuffisantes, et pendant de longues heures nous suivîmes la voie en nous traînant la plupart du temps sur les mains et les genoux. Enfin la lune se leva dans son plein, éclairant la forêt de ses rayons bénis. Les ténèbres disparurent, et la nuit devint presque aussi claire que jour.

Nous éteignîmes nos torches et poussâmes en avant avec une nouvelle vigueur. Nous arrivâmes bientôt à un torrent qui se précipitait dans son lit de rochers par une série de cataractes écumantes.

A ma grande surprise, je constatai que les éléphants l'avaient traversé. Par quels moyens? Le courant était extrêmement rapide et paraissait trop profond pour être passé à gué.

Çà et là, parmi les tourbillons bouillants, on voyait s'élever au-dessus de la surface des rochers brisés d'une couleur verdâtre, mais ce n'étaient que les pointes de blocs énormes entre lesquels le courant passait sombre et rapide. Comment les jeunes éléphants qui étaient dans le troupeau avaient-ils pu parvenir à passer? je n'en avais aucune idée, car aucun nageur, si fort qu'il fût, n'aurait pu résister au torrent un seul instant; il eût été englouti d'abord et brisé contre les rochers ensuite.

Je pensai que peut-être la crue n'avait eu lieu que

tout récemment, et que la troupe des éléphants avait passé le torrent avant qu'il fût si gonflé.

En plaçant des bâtons près du bord du courant, j'observai que le volume de l'eau croissait encore. Ce n'était certainement pas une chose satisfaisante. Les éléphants étaient de l'autre côté, et pour les atteindre nous devions traverser ce torrent. Comment? C'était là la question. Passer à l'endroit où nous étions était chose impossible ; mais, après avoir étudié le terrain, nous trouvâmes qu'au-dessous des chutes le courant était beaucoup moins rapide et formait une espèce de mare d'environ cent mètres de traversée. Restait une difficulté, celle de faire passer les fusils et les munitions à sec.

Mes hommes ramassèrent un grand nombre de morceaux de bois et de bambous secs ; puis, avec les tiges des plantes grimpantes en guise de cordes, j'attachai ensemble ces matériaux et j'en formai un petit radeau, sur lequel je liai solidement les fusils, les outils, etc. Je me déshabillai ensuite, et, jetant mes vêtements sur le tas, j'entrai avec précaution dans l'eau en tenant le radeau.

Avec l'aide de Chineah et de Googooloo, je le poussai devant moi. Nous abordâmes sur le bord opposé. Nous réendossâmes nos costumes, nous nous assurâmes que nos armes n'avaient pas été mouillées, et nous reprîmes la piste, après avoir fait largement honneur aux provisions froides que nous avions dans notre sac.

Les heures s'écoulèrent et le jour nous retrouva encore sur la voie ; faim, lassitude, ennui, tout était oublié dans l'excitation produite par cette poursuite, car, à la fraîcheur des empreintes et à d'autres signes évidents, nous reconnaissions que la troupe des éléphants ne pouvait être bien éloignée.

Le soin le plus extrême devenait maintenant nécessaire pour suivre la voie, car le plus léger bruit aurait pu effaroucher ces animaux ; je craignais aussi que les éléphants n'eussent vent de notre approche, car ils ont les sens plus subtils le matin qu'en tout autre moment.

Nous venions de traverser une large ceinture de forêt plantée de bois de tecks, et nous nous retrouvions dans un jungle épais de bambous, quand tout à coup je vis Googooloo, qui était d'une demi-douzaine de pas en avant, s'arrêter et tourner la tête comme pour saisir un son ; un sourd grognement (signe de satisfaction chez lui) fut suivi d'un sifflement expressif. C'était sa manière ordinaire d'appeler l'attention. Je fus dès lors aussi assuré que le gibier était là que l'aurait pu être un chasseur d'Angleterre en voyant son chien favori tomber en arrêt. Je mis l'oreille à terre, mais je n'entendis rien, et le jungle était trop épais pour me permettre de voir à une certaine distance aux alentours. Je me bornai dès lors à suivre soigneusement la voie en rampant avec autant de précaution que possible, lorsqu'un des sons particuliers de Googooloo attira de nouveau mon attention ; après avoir écouté pendant quelques instants, j'entendis en effet un bruit éloigné, sourd et ronflant, que je reconnus immédiatement pour celui que fait l'eau remuée dans l'estomac des éléphants.

J'ordonnai à Chineah et au reste de ma troupe de s'arrêter, et après avoir examiné la poudre dans les cheminées de mes fusils et m'être assuré de la direction d'où provenaient ces bruits, je me glissai silencieusement en avant, accompagné seulement de Googooloo qui portait une paire de fusils de rechange. Nous rejoignîmes bientôt l'arrière-garde des éléphants composée d'un groupe de cinq femelles qui broutaient les jeunes et tendres rejetons du bambou. Peu soucieux d'un gibier pareil, je leur laissai le chemin libre, et Googooloo et moi nous nous séparâmes pour avoir double chance de trouver un mâle.

Je tombai bientôt sur une voie plus large que toutes les autres, et Googooloo n'étant pas en vue, je la suivis seul. Après une poursuite d'une demi-heure, pendant laquelle je dépassai un jeune mâle et trois femelles, je vis un énorme éléphant se tenant seul près de plusieurs gros blocs de rochers contre l'un desquels il se frottait le train de derrière.

Aussitôt que je l'aperçus, je me plongeai dans l'épaisseur du jungle, et, en faisant un circuit, je me tins contre le vent. Je regrettai alors que Googooloo ne fût pas avec moi, car je n'avais pas de fusil de rechange et je craignais que ma proie ne vînt à m'échapper. Mais il n'y avait rien à faire à cela; aussi, après avoir reconnu le terrain pour profiter de tout le couvert qu'il pouvait me procurer, je rampai en avant sur les mains et les genoux; je parvins ainsi jusque derrière un petit banc de rochers d'où je pouvais observer tous les mouvements de l'éléphant.

Il se tenait sur trois pieds, le pied de derrière soulevé de terre, tandis que la partie antérieure de son corps se balançait en avant et en arrière. Bien qu'il ne fût pas à plus de vingt pas, je ne pouvais avoir chance à le tirer, sa tête se trouvant portée du côté opposé à celui où j'étais. J'attendis près de dix minutes, et j'eus ainsi tout le temps d'admirer ses proportions majestueuses et ses magnifiques défenses; mais il ne bougea pas d'un pouce. Je n'osais le tourner, à cause du vent, et, comme je ne voulais point risquer de perdre un si bel animal en lui tirant un coup incertain, je me décidai à essayer d'un autre plan, lequel, comme je n'avais pas de fusil de réserve, comportait un danger sérieux.

J'examinai le terrain avec soin, et, me dépouillant de mes guêtres de cuir et de mes vêtements de dessus, pour avoir les membres aussi libres que possible, je me glissai sans bruit, sur mes mains et mes genoux, jusque derrière lui, et plaçant le bout de ma carabine près du pied de derrière qui était soulevé, je lâchai les deux coups presque simultanément et je bondis hors du chemin. Un cri perçant de douleur suivit la double détonation, et je n'eus que le temps d'éviter un coup terrible qu'il me lança avec sa trompe. Je me précipitai derrière le rocher et je rechargeai vivement mon fusil; cela fait, je me trouvai rassuré et je m'approchai de nouveau du lieu de l'action.

Mon plan avait réussi; l'éléphant était hors de combat. Mon fusil (à deux coups, à canons lisses et à balles de deux onces, par Westley Richards) avait été fortement chargé, chaque canon contenant près de six drachmes de poudre. Les os du pied de l'éléphant étaient si complétement fracassés qu'il ne pouvait plus le poser par terre, et chaque fois qu'il essayait de faire un pas en avant, il tombait lourdement. Il poussait des cris de plainte et de rage. Comme je m'approchais, il fit un mouvement pour me charger; mais il tomba sur le sol, et, au moment où il se relevait sur les genoux, je déchargeai mes deux canons dans le creux existant au-dessus de la trompe. Alors il tomba pour ne plus se relever.

Je jetai un coup d'œil rapide sur les dépouilles du vaincu, et calculai par la pensée le poids probable de l'ivoire, puis je rechargeai rapidement mon fusil et revins vers l'endroit où j'avais laissé Googooloo. Un sifflement aigu répété deux fois l'amena bientôt à mes côtés. Il me dit que mes coups de feu avaient à peine troublé les autres éléphants, lesquels broutaient à la même place. Il me montra la voie d'un mâle que nous suivîmes pendant près d'un mille jusqu'à un ravin étroit où nous le trouvâmes buvant à une source rocheuse ; il était accompagné de deux femelles. J'étudiai ses mouvements, et il me parut sage de gagner la rive opposée, qui, plus élevée, présentait un bon couvert ; je rampai le long des bords de la nullah jusqu'à ce que je fusse arrivé derrière un arbre, à trente pas environ du groupe.

Quoique je me tinsse sous le couvert, je pouvais voir, d'après les mouvements des éléphants, que leurs soupçons étaient éveillés ; en effet, ils reniflaient l'air avec leurs trompes, comme pour goûter la saveur du vent.

Enfin, le mâle fit quelques pas dans la direction où je me trouvais, aspirant l'air avec inquiétude. Il me présentait son large front. L'occasion était belle. Je le visai au point vulnérable, juste au-dessus de la racine de la trompe, et je le jetai bas d'une seule balle, comme un lapin criblé de plomb à chevreuil.

Les femelles, surprises par la chute de leur compagnon, se précipitèrent en trompetant en bas du cours d'eau. A ce moment un cri de Googooloo retentit, et j'avais à peine eu le temps de saisir mon second fusil, qu'un puissant mâle, suivi de sept femelles, se fit jour et courut à toute vitesse devant moi à une distance d'environ cinquante pas. Je levai ma carabine, et visant derrière l'oreille je tirai deux coups rapides. L'animal tomba sur ses genoux, mais il se releva immédiatement, et, se séparant des femelles, il se démena frénétiquement à travers la forêt qu'il fit retentir de son cri de colère.

Je pris des mains de Googooloo ma seconde arme de réserve (une lourde carabine à deux coups et à balles de deux onces) et, sautant en bas de la rive, je courus de toute ma vitesse vers la gorge de la montagne. Je savais que l'animal devait passer par là pour rejoindre le reste du troupeau. Je descendais le lit du ruisseau, des deux côtés duquel s'élevaient de hautes rives, quand j'entendis un bruit sec et rapide parmi les pierres, et, tournant la tête, je vis accourir sur moi l'éléphant blessé. Je fis un demi-tour et m'appuyai sur mon genou, pour viser d'une main plus ferme.

Il me chargea avec un cri épouvantable de vengeance. Je le laissai venir à quinze pas, et je pressai la détente en visant entre les deux yeux, mon coup favori. Mais, soit que j'eusse chancelé, étant hors d'haleine par suite de ma course, soit que ma carabine, qui pesait seize livres, fût trop lourde, je ne sais, mais mon bras gauche se baissa au moment où je lâchais la détente. Mon coup porta quatre pouces trop bas, entrant dans les parties charnues de la racine de la trompe, au lieu de pénétrer dans la cervelle. Avant que je pusse m'écarter de son chemin, l'énorme bête, plus furieuse encore, était sur moi : je sentis un coup terrible, et me trouvai sifflant comme une balle à travers l'espace. Ce fut tout.

Quand je revins à moi, je me trouvai couché sur la face, dans une mare de sang qui me sortait du nez, de la bouche et des oreilles. Bien que je fusse encore presque évanoui, le sentiment de ma situation périlleuse traversa mon esprit, et je m'efforçai de me lever et de chercher où était mon adversaire, mais je ne l'aperçus nullement.

Je me relevai, et, quoique affreusement meurtri, je m'assurai qu'aucun os n'était brisé. Je m'étais retrouvé couché sur le sommet de la rive, complétement incapable au reste de m'expliquer comment j'étais arrivé là[1].

[1] L'éléphant doit m'avoir lancé à une distance considérable

Dans le lit desséché de la nullah, je vis ma carabine, et, après maint effort pénible, je parvins à me glisser en bas et à la reprendre. Le bout était rempli de sable, que j'enlevai de mon mieux, et, m'asseyant sur le bord du cours d'eau, je commençai à enlever le sang et à me baigner la figure et la tête.

Bientôt après, j'entendis un cri perçant, et je vis Googooloo se précipiter vers moi, suivi par l'éléphant furieux. Par bonheur, une branche pendante se trouvait sur son chemin, et, avec l'agilité d'un singe, il la saisit et s'élança d'un bond sur le bord escarpé où il était en sûreté.

L'éléphant, privé de sa victime, courut comme un insensé en avant et en arrière. Puis, avec un cri féroce de désappointement, il vint en se démenant de rage en bas du lit de la nullah. J'étais directement sur sa route et dans l'impuissance absolue de m'écarter de son chemin. Un moment après, je vis que j'étais aperçu, car il me chargea avec un mugissement terrible. A grand'peine je soulevai ma carabine, et visant entre les deux yeux, je lâchai la détente,—c'était ma seule chance de salut.—Quand la fumée se fut dissipée, j'aperçus une masse énorme gisant tout près de moi. J'étais enfin vainqueur. Peu après, je dois être tombé

avec sa trompe, car l'escarpement avait plus de six pieds de haut.

en syncope, car je ne me rappelle plus rien, jusqu'au moment où je me suis retrouvé couché dans ma cabane, et où je vis mon ami penché vers moi.

Chineah et ma troupe m'avaient rapporté sur une litière, et me voyant le corps énormément enflé du coup que j'avais reçu, et le dos noir de la ceinture aux épaules, ils y avaient appliqué un remède du pays, ce qui eut pour effet de combattre l'inflammation.

Dans l'état où j'étais néanmoins, je devais nécessairement rester alité, et il me fallut revenir à Ooty pour me remettre.

Mon ami envoya une partie de mes chasseurs chercher l'ivoire. Le tout réuni pesait près de trois cents livres; résultat assez précieux pour trois jours de chasse.

XVII

LA GRANDE FORÊT ANNAMULLAY.—CHASSE AU TIGRE.

Vers la fin de mai, me trouvant quelque peu fatigué de la vie monotone du cantonnement dans l'Ootacamuno, je résolus de passer une quinzaine de jours en chasse avec mon vieux camarade B..., dans cette immense étendue de forêt vierge qui s'étale au sud des monts Nilgherri, et s'étend sur la chaîne des Annamullay. Cette région, qui sur les cartes les plus récentes est encore laissée en blanc comme pays inexploré, est un vaste désert hérissé de montagnes, couvert d'épaisses forêts, coupé de larges rivières et de nombreux ruisseaux sur une étendue de plusieurs centaines de milles carrés. Cette contrée est habitée seulement par un petit nombre de tribus sauvages qu'on dit être aborigènes, et qui, depuis des siècles, ont rompu tout commerce avec le reste du monde, vivant dans des troncs d'arbres ou dans des cavernes, et se nourrissant de fruits sauvages, de racines et des petits animaux qu'ils peuvent atteindre de leurs flèches.

Ces forêts, où le bruit d'une hache est inconnu, sont naturellement hantées par les animaux les plus grands et les plus terribles.

Les éléphants et les bisons, par grands troupeaux, se promènent, sans être inquiétés, dans ces solitudes feuillues ; et les tigres, les panthères et les ours y sont si nombreux, qu'après la tombée de la nuit, on peut les entendre dans différentes parties des jungles hurler et s'appeler l'un l'autre, avec ces intonations particulièrement sauvages et profondément mélancoliques qui jettent la terreur et la tristesse dans le cœur de ceux qui ne sont pas accoutumés à de pareilles sérénades.

Les indigènes de cette partie du pays ont une étrange

superstition à propos de ces terrains de chasse. Ils disent que dans les profondeurs secrètes de la forêt, où l'œil de l'homme n'a jamais pénétré, se trouve un lac sur les bords duquel les éléphants qui sentent leur fin prochaine vont se reposer et mourir. Cette croyance populaire peut s'expliquer, jusqu'à un certain point, par le fait qu'on n'a presque jamais rencontré dans les bois le corps d'un éléphant ayant succombé à une mort naturelle. On prétend aussi que les restes des éléphants défunts sont enterrés par leurs compagnons du troupeau.

Je faisais chaque jour des expéditions de chasse, et nous n'avions besoin, mon compagnon et moi, que de très-peu de temps pour nous trouver prêts à partir. J'examinai ma batterie, et je vis que tout était dans un ordre parfait et bien pourvu de munitions. Je passai en revue ma troupe de chasse, qui comprenait Chineah, Googooloo, Naga, Veerapah, Hassan, le Cooroo, Ali et Ramasawmy, huit gaillards robustes, tous bien éprouvés et fidèles; j'inspectai leur attirail. Mes chevaux de transport furent ferrés à neuf et chargés d'une petite tente de montagne, de tapis, de couvertures, d'ustensiles de cuisine, de sacs de riz, etc.; enfin on mit en laisse mes chiens, quatre animaux énormes, dont deux suffisaient pour tenir un ours en respect et amener un sanglier à merci.

B... s'était chargé des comestibles. Il en remplit quatre grands *cowry*[1] et il avait engagé deux robustes coolies pour les porter.

Tout étant prêt, je donnai ordre à Chineah, mon premier chasseur, de partir immédiatement avec la troupe, les armes et les bagages, pour une cabane que j'avais bâtie dans une expédition de chasse précédente au sommet du défilé de Taketty, qui se trouve à quatre journées d'Ooty, et d'y attendre notre arrivée.

Bien que ce fût alors la plus chaude saison de l'année, la température sur les plateaux des collines des Nilgherri dépassait rarement vingt-cinq degrés centigrades; mais sachant par expérience qu'elle serait de quarante au moins dans les plaines, nous nous décidâmes à faire cette partie du voyage la nuit, en palanquins, avec des porteurs de louage, pour nous trouver frais et dispos sur le terrain.

Nos arrangements pris avec le chef de la police à cet effet, nous quittâmes mon petit domicile de *Burnside-cottage* vers trois heures de l'après-midi, et nous arrivâmes au bungalow des voyageurs de Metrapolliam, au pied de la passe de Coonoor, au coucher du soleil. Nous y dînâmes et gagnâmes ensuite Coimbatore, où nous ne restâmes que quelques minutes, et d'où nous

[1] Paniers ronds en osier qui sont suspendus à chaque extrémité d'un bambou et que l'on porte sur l'épaule.

repartîmes pour les montagnes Annamullay, dont nous atteignîmes la base à dix heures du matin environ.

A ma grande surprise, j'y trouvai Chineah, le Gooroo et un des domestiques de B... avec nos carabines. Ils nous dirent avoir rencontré une troupe de Mulchers qui leur avaient signalé un ravin hanté par du gibier de toute espèce.

Je ne me souciais point d'abord de modifier mon plan primitif, qui était d'explorer les plateaux de la chaîne des Annamullay, mais après m'être consulté avec B..., je résolus de suivre le conseil de Chineah, et nous renvoyâmes nos porteurs avec les palanquins à Ooty; nous mîmes nos carabines sur l'épaule, et nous partîmes par un sentier qui longeait le pied des collines.

Après trois grandes heures de marche, nous arrivâmes au lit desséché d'un torrent des montagnes, que nous suivîmes pendant près de trois milles à travers une gorge étroite entre deux collines couvertes de bois épais.

Pendant cette partie de notre route, nous étions absolument protégés contre les rayons accablants du soleil par des arbres faisant voûte au-dessus de nos têtes, et chargés d'une telle masse de plantes grimpantes, qu'ils nous procuraient une ombre impénétrable à la lumière. Il nous semblait que nous traversions un immense berceau de feuillage.

Pendant une heure nous eûmes à gravir d'énormes blocs de granit, à franchir de longs espaces couverts de cailloux roulants.

Nous parvînmes enfin à un lit de sable, où nous reconnûmes, en effet, les empreintes de deux tigres de haute taille, et d'innombrables traces de cerfs, de sangliers et de moutons des jungles. Là, par une petite éclaircie de la forêt, je pus jeter un regard sur notre route, et je vis que nous approchions d'une barrière de montagnes infranchissable en apparence, par un ravin si profond, que nous ne pouvions apercevoir que le ciel bleu sans nuages au-dessus de nos têtes, pendant que de chaque côté surplombaient des rochers perpendiculaires et des pics prodigieux, si hauts que l'œil se fatiguait à remonter jusqu'à leurs cimes.

Tandis que nous admirions l'imposante grandeur de ce site, un roulement, sourd comme un tonnerre éloigné, frappa mon oreille, et Chineah m'apprit que ce bruit provenait d'une cascade près de laquelle nous devions bivouaquer.

Nous poussâmes en avant, et nous rencontrâmes bientôt le reste de la troupe avec une bande de Mulchers, occupés à construire une cabane de bambou sous un roc en surplomb qui formait un abri impénétrable contre les rayons du soleil.

Nous étions épuisés de fatigue; et, après avoir visité le contenu de nos paniers à provisions et bu quelques gorgées rafraîchissantes, nous résolûmes de chercher une place convenable pour nous baigner. En suivant le lit tortueux du ruisseau jusqu'à une certaine distance, nous arrivâmes à un énorme plateau de granit dominant une vallée sauvage et rocheuse, ou plutôt une fente de la montagne qui semblait avoir été partagée en deux par une convulsion de la nature. De trois côtés, en effet, s'élevaient des rochers perpendiculaires si hauts que les arbres gigantesques qui garnissaient le bord escarpé du sommet ne paraissaient que de la taille des fougères. Du flanc raboteux d'une de ces hauteurs vertigineuses jaillissait un torrent, grondant comme le tonnerre lointain; il tombait en écumant et en bouillonnant sur les blocs massifs des rochers inférieurs, et soulevait un nuage de vapeur où passaient et disparaissaient avec une rapidité magique d'innombrables arcs-en-ciel. Au bas de la chute s'étendait une mare claire et transparente, large d'environ deux cents mètres, et entourée de rochers de granit dominant l'eau de toutes parts, sauf de notre côté, où descendait en pente un banc de sable.

—Bel endroit pour piquer une tête à l'ombre de ces

rochers en surplomb ! s'écria B..., après que nous eûmes pendant quelque temps contemplé la beauté romantique du paysage.

—Oui, répliquai-je, si nous étions sûrs qu'il n'est pas infesté de *muggers* (alligators), mais je dois avouer que je n'aimerais pas à risquer le premier plongeon sans avoir d'abord examiné avec soin le bord de l'eau, car jamais je n'ai vu de lieu plus propre à recéler de pareils hôtes.

J'envoyai Chineah chercher les chiens, et nous sautâmes en bas du rocher sur le sable étendu le long de la mare, pour y étudier les traces laissées par les animaux.

Nous y trouvâmes les empreintes fraîches de deux tigres, d'un guépard, de plusieurs ours, de quelques éléphants, avec d'innombrables foulées de bisons, de cerfs, d'élans, de sangliers, de chacals, de paons et de poules des jungles, mais je ne remarquai rien qui indiquât la présence des alligators dans ces parages.

Il était évident que c'était là que la plupart des animaux sauvages de la forêt environnante venaient étancher leur soif. Je résolus aussitôt d'y établir une embuscade sur un gros bloc isolé de rocher noir qui commandait toutes les approches de l'eau, à portée facile de nos carabines. Comme il était escarpé, nous eûmes quelque peine à parvenir au sommet qui était couvert de buissons, de ronces épineuses et de plantes grimpantes; mais une fois arrivés, nous débarrassâmes à coups de hache un espace suffisamment large pour que quatre personnes pussent s'y coucher à l'aise. Nous y construisîmes une espèce de hutte en étendant une couverture au moyen de bambous et en couvrant le dehors de plantes grimpantes, de façon à la faire ressembler d'en bas à un buisson. Nous fabriquâmes ensuite un râtelier pour nos carabines et une échelle de bambous pour monter et descendre plus facilement. Enfin nous tapissâmes l'intérieur avec du feuillage, et le garnîmes de matelas, d'oreillers et de divers rafraîchissements.

Tandis que nous étions occupés à préparer cette embuscade, un jeune cerf moucheté sortit de l'une des sentes qui aboutissaient à l'eau, à une portée de pistolet, et il allait boire tout à son aise quand il aperçut un de nos gens. Il s'arrêta, ramena sa tête en arrière, piétina sur le terrain, et s'en retourna tranquillement. Si nous avions eu nos carabines sous la main, nous aurions goûté de sa chair à notre dîner, car la venaison est toujours désirable, surtout quand on a un grand nombre de bouches à nourrir.

Je défendis qu'aucun de nos gens s'approchât de la mare du côté fréquenté par les animaux des jungles, et je les fis tirer l'eau dont ils avaient besoin dans des seaux de cuir, du haut des rochers, de peur que la marque de leurs pas ne trahît notre présence.

Notre œuvre achevée, nous prîmes un bain rafraîchissant et nous nous rendîmes à la hutte, où nous distribuâmes les provisions de telle sorte que chaque homme eût sa part de viande, de beurre clarifié et de tabac.

Après avoir dîné, nous inspectâmes les arrangements pris pour loger confortablement nos gens et nos bêtes de somme, et nous retournâmes ensuite à l'embuscade. Chineah, Naga et Googooloo nous accompagnaient pour surveiller le gibier, car nous nous sentions trop fatigués de notre marche de la journée pour compter beaucoup sur notre propre vigilance.

Comme un air vif soufflait de notre côté au-dessus de l'eau, et que nous étions parfaitement cachés à la vue, élevés à quelque dix pieds au-dessus du niveau du sol, il n'y avait pas à craindre que l'odeur du tabac nous *éventât* de la forêt. Nous pûmes donc allumer nos cigares sans inconvénient, quoique ce soit en général une manière très-peu orthodoxe de procéder quand on est en embuscade pour le gros gibier, et nous nous amusâmes à observer les différents échantillons du règne animal qui fréquentaient ce lieu solitaire.

Le bord du lac était visité de temps en temps par différentes sortes d'oiseaux aquatiques et de gibier d'eau, parmi lesquels je remarquai une troupe de flamants avec leur beau plumage rose, de magnifiques pélicans, des ibis, des cigognes, des hérons, des pluviers, des alouettes des sables et des corneilles qui s'ébattaient en criant de joie dans l'eau fraîche de la mare. Nous vîmes un toucan, au vol lourd, qui allait d'arbre en arbre à la recherche des reptiles et des petits oiseaux dont il se nourrit, et un coq des jungles dont le plumage étincelait comme de l'or aux rayons du soleil couchant, vint avec ses compagnes gratter la terre à quelques mètres à peine de notre embuscade.

Chaque période du jour a ses visiteurs accoutumés, chaque heure a ses signes certains qui ne peuvent être lus et compris que par ceux à qui les voix de la forêt sont familières, et qui, par une longue expérience, ont été à même d'observer et de remarquer l'ordre systématique de l'œuvre de la nature.

Pendant la chaleur intense de la journée, tant que le soleil est élevé au-dessus du méridien, toute la nature animée semble céder à son influence énervante. Un calme étrange et un profond silence règnent dans ces bois, qui aux premières lueurs du matin semblaient déborder de vie et de mouvement. Toute créature vivante disparaît dans l'ombre et la fraîcheur du couvert. Il faut en excepter l'aigle, l'épervier et le faucon, que le chasseur voit planer en cercles au-dessus de sa tête, comme des taches mobiles sur le ciel sans nuages, ou glisser sur les jungles avec d'étranges cris sauvages, en quête de leur proie. Il faut en excepter aussi la libellule émaillée de vert, qui continue de sautiller au-dessus de l'eau de feuille en feuille.

C'est alors que le hardi chasseur accablé de lassitude suspend son rude labeur, et cherche l'ombre délicieuse de quelque arbre gigantesque ou d'un rocher en surplomb pour y reposer jusqu'à ce que soit passée la chaleur de midi; pendant que son chien envahi, lui aussi, par la langueur universelle qui semble peser à pareille heure sur toute la surface du monde, se couche haletant sur le sol, les pattes étendues et la langue hors de la gueule.

Cependant les heures d'accablement s'écoulent, et la nature se ranime peu à peu; les bois résonnent de nouveau à la voix des oiseaux. D'innombrables papillons de diverses couleurs voltigent à travers les clairières; les abeilles vont de fleur en fleur et les brillants scarabées, qui étalent des reflets métalliques de vert et de bleu, rivalisant avec les teintes les plus foncées de l'émeraude et du saphir, tourbillonnent au frémissement sonore de leurs ailes. Des myriades d'insectes produisent un bourdonnement plein de charme et de rêverie. Parfois, au-dessus de cette mélodie de la forêt, on peut distinguer le cri lointain du paon, le chant sonore du coq des jungles, l'appel du chaudronnier, le tapage du pivert, le babillage d'une troupe de singes qui bondissent de branche en branche, le roucoulement si mélancolique des tourterelles qui s'envolent par couples d'un arbre à l'autre, ou bien le cri aigu de volées de perroquets au brillant plumage.

A mesure que le jour décline, on voit les oiseaux de toute espèce revenir dans la forêt de leurs pérégrinations lointaines. Les pélicans s'élèvent lourdement des marécages sur leurs pesantes ailes, vers leurs nids placés sur les plus hauts arbres, dans quelque endroit retiré. Les renards volants (roussettes) quittent leurs ténébreux bocages, et se montrent en telle quantité qu'ils obscurcissent parfois le ciel au moment du crépuscule, tandis que des multitudes de chauves-souris voltigent dans toutes les directions à la poursuite des insectes.

Quand le soleil est couché, les phalènes et les moustiques sortent de leurs retraites, de plus en plus audacieux dans leurs attaques à mesure que la nuit s'avance. Les voix criardes d'innombrables grillons, et le coassement des grenouilles se font entendre au loin. C'est alors qu'on entend les huées des grands singes, l'aboiement de l'élan, le hurlement sinistre de l'hyène, le cri infernal du chacal, la trompette des éléphants, le grognement de l'ours, le rugissement du tigre en chasse, les clameurs sépulcrales du grand hibou à cornes, aux sourdes ailes, qu'on est tenté de prendre pour le mauvais esprit de ces solitudes.

Mais, à la première lueur de l'aube, tout cela regagne la profondeur de ses repaires. On entend les paons s'appeler entre eux. Des troupeaux de bisons et de cerfs se retirent lentement des clairières où ils ont trouvé leur pâture pendant la nuit, et cherchent de nouveau l'ombre des épaisses futaies. A mesure que la lumière s'accroît, le concert des chanteurs augmente d'intensité, et l'on peut voir les hérons, les grues et les échassiers prendre leur essor dans la direction de leurs marais.

A cette heure matinale souffle généralement une brise froide et piquante ; mais bientôt l'horizon tout entier s'embrase à l'orient, le soleil s'élance et semble se frayer son chemin dans les cieux avec beaucoup plus de rapidité que dans les climats septentrionaux. C'est le moment, pour celui qui aime le beau, de voir et d'admirer la forêt indienne, car les gouttes de rosée sur les feuilles et sur le sol étincellent comme des brillants, et les couleurs variées de la verdure ne sont jamais aussi vives. Il est impossible de se faire une idée de la grandeur tout à la fois et de la coquetterie de ce spectacle, lorsqu'on n'a pas eu le bonheur d'en jouir. Comme l'a dit le grand poëte :

On trouve un charme étrange à la fois et sauvage
Aux bois où nul encor ne s'est frayé passage.

Je reviens maintenant à notre embuscade, où nous étions couchés fort à notre aise, tandis que Chineah et Googooloo faisaient le guet. Au soleil couchant, des quantités de paons, de coqs et de poules des jungles vinrent boire de temps en temps à la mare; et nous venions d'entendre le sourd aboiement d'un élan mâle appelant ses femelles, quand le rugissement d'un tigre éveilla les échos des collines environnantes; un autre cri lui répondit immédiatement, à une courte distance de notre petit lac. Chineah et Googooloo se souriaient et grimaçaient l'un à l'autre, en entendant ces cris, et chacun d'eux me lançait un coup d'œil significatif, tandis que je mettais de nouvelles capsules à ma carabine favorite que j'avais chargée avec soin.

—Charmante musique! dit mon ami B....

—Oui, répondis-je. Elle vaut mieux pour un coureur des bois que celle du théâtre de la Reine; car j'imagine que nous jouirons de la vue des musiciens avant le jour. Les Mulchers disent qu'il n'y a pas dans les environs d'eau plus proche que celle-ci, et il est évident, d'après les traces que nous avons vues sur le sable, que nos terribles virtuoses la fréquentent souvent.

A ce moment, nous entendîmes du bruit dans les

buissons, et un vieux singe gris, évidemment un éclaireur, s'avança en rampant avec précaution dans la plaine. Après avoir regardé pendant quelques moments avec la plus grande attention, voyant que tout paraissait en bon ordre, il se tourna vers le bois, poussa un cri aigu; et aussitôt toute une troupe de ses pareils arriva sautant et se balançant du haut des arbres, criant, caquetant, se battant, échangeant des grimaces, et se précipitant comme des fous au bord de l'eau pour y étancher leur soif. Après avoir gambadé quelque temps encore sur la rive, comme s'ils eussent voulu nous donner ce plaisant spectacle, ils disparurent de nouveau dans les bois.

Vers le soir, deux moutons des jungles survinrent et restèrent quelque temps, mais nous les laissâmes partir sans les inquiéter.

Peu après, mon attention fut attirée par un sourd grognement de Googooloo, que je vis avancer avec précaution la tête au dehors, et soulever son corps de manière à pouvoir distinguer mieux quelque chose, tandis qu'il invitait Naga à me tendre ma carabine.

—Qu'y a-t-il? murmurai-je.

Googooloo ne fit aucune réponse, mais il continua de fixer ses yeux dans la direction d'un gros buisson bas, à environ trente mètres du lieu de notre cachette, en me faisant signe avec la main d'attendre encore.

Nous restâmes pendant quelques minutes dans le plus profond silence, chacun de nous regardant à travers les meurtrières pratiquées dans notre embuscade, mais ne pouvant rien apercevoir.

—Il n'y a rien, murmura Chineah, qui était un peu jaloux de ce que Googooloo avait attiré l'attention sur un bruit que la finesse de son oreille, à lui, n'avait pas saisi.

Mon ami B... se recoucha, pensant que Googooloo nous avait donné une fausse alarme.

Moi, je restai en alerte, plein de confiance dans l'instinct du Yanadi. Je m'étais souvent fié à sa merveilleuse délicatesse d'ouïe, et je ne l'avais jamais trouvée en défaut. Aussi restai-je l'œil fixé sur lui, prêt à agir. Bien qu'il conservât un silence plein de dignité, je pouvais voir, au froncement méprisant de sa lèvre, qu'il était évidemment blessé de la dénégation de Chineah et de la défiance de B.... Mais quand il vit que je croyais en lui, il poussa son grognement de joie habituel, et continua de plonger ses regards dans l'obscurité de la forêt, en face de nous.

Quelques minutes se passèrent, et il tourna de nouveau sa tête d'un côté comme pour percevoir quelque bruit imaginaire. Je remarquai qu'un sourire de satisfaction illumina sa face expressive, quand il éleva ses deux mains au-dessus de ses yeux comme pour mieux voir. En ce moment je distinguai moi-même le bruit léger du craquement d'une branche, et un cliquetis de feuilles sèches.

Googooloo fit de nouveau entendre un sourd grognement, en indiquant le buisson qui avait déjà attiré son attention, et il murmura d'une voix étouffée :

—C'est un tigre!

J'armai les deux canons de ma carabine, je la pointai sans bruit au dehors, dans la direction signalée, mais rien ne se montra.

Chineah, qui cette fois entendit le bruit, prit alors la main droite de Googooloo et la pressa contre son front, avouant ainsi qu'il avait eu tort. D'après l'air de contentement que prit le visage de Googooloo, je pus voir que la paix était rétablie entre les deux rivaux.

Cependant tout était retombé dans le silence, et l'on n'entendait d'autre son que le roulement sourd et monotone de la cascade, ou le cri plaintif d'un pluvier errant à la recherche de ses compagnons. Le soleil était couché depuis quelque temps, et la pleine lune n'était pas encore assez haute dans le ciel pour que sa lumière pénétrât au fond du ravin où nous étions placés.

Mon ami B... pouvait à peine se tenir éveillé. Je l'engageai à dormir, ainsi que Chineah, tandis que Googooloo et moi ferions la première veille.

Nous restâmes pendant près de deux heures, écoutant avec anxiété chaque bruit qui sortait du jungle. Pendant ce temps, nous entendîmes distinctement le grognement d'un ours juste au-dessous de nous, et nous distinguâmes dans l'obscurité les formes sombres d'une troupe de sangliers se vautrant dans l'eau. Malheureusement il n'y avait pas assez de clarté pour viser.

Enfin la lune apparut au-dessus de la crête escarpée de la montagne, un flot de lumière rayonna comme de l'argent sur le lac, et permit de voir tous les objets aussi distinctement qu'en plein midi.

Frappé de la beauté féerique de la scène étalée devant moi, je me laissai d'abord absorber dans mes pensées. J'en fus tiré par Googooloo, qui m'indiqua quelque chose dans l'ombre projetée par un grand arbre. En même temps j'entendis l'aboiement sourd et rapide d'un cerf moucheté, et un beau mâle aux larges andouillers arriva, se frayant un chemin à travers les broussailles épaisses. Je levai ma carabine, je visai, et j'allais lâcher la détente, quand un gros tigre s'élança de ce même buisson que Googooloo avait surveillé si attentivement, et mordit le cerf à l'épaule en grondant. Comme un éclair, ma fidèle carabine vomit son contenu mortel à droite et à gauche. Un rugissement étouffé suivit la double détonation ; et la bête frappée, se roulant dans tous les sens, râla son agonie.

—Qu'avez-vous tué? s'écria B..., réveillé en sursaut; et, saisissant sa carabine : Ah! ah! je vois. Une belle paire de bois, vraiment!.... Mais il n'est pas mort, continua-t-il en achevant d'une balle le pauvre cerf, qui se débattait encore à la place où il avait été renversé par le tigre.

—Regardez un peu à droite, lui dis-je, sous l'ombre du buisson; vous y verrez le résultat de mes deux coups.

—Une peau rayée! Peste! Eh bien! vous avez de la chance!

Googooloo ne s'était pas trompé, car le tigre était à l'affût dans ce buisson depuis quelques heures.

Nous descendîmes alors de notre embuscade, et nous examinions le tigre mort, quand Naga, que j'avais envoyé à la hutte réveiller quelques-uns de nos gens pour emporter les cadavres, revint en courant, la frayeur peinte sur sa figure, en s'écriant qu'il avait vu un autre tigre.

Nous fîmes signe à Chineah et à Googooloo de nous suivre avec des fusils de rechange, et nous nous précipitâmes ensemble dans le sentier où Naga disait avoir fait cette périlleuse rencontre. En effet, les traces des pattes du tigre étaient proches de l'empreinte des pas de Naga. L'animal devait avoir été aussi étonné que l'homme lui-même, car il était retourné en arrière.

Tandis que nous suivions sa voie, mon attention fut attirée par une plainte sourde, suivie d'un bâillement qui semblait sortir du lit du ruisseau. Nous parvînmes à nous frayer un chemin à travers l'épaisseur du taillis jusqu'au bord, d'où nous aperçûmes une tigresse choisissant sa route parmi les pierres, dans le lit du cours d'eau. Nous la tirâmes simultanément ; elle poussa un grondement de colère et tomba en avant, grièvement blessée, suivant toute apparence, bien que la distance fût de près de cent mètres et que la lumière ne fût pas des meilleures. Quand elle se releva, je crus voir que sa patte de devant pendait à l'épaule comme si elle eût été brisée ; mais elle marcha de nouveau. Nous lui envoyâmes une nouvelle décharge, qui l'atteignit grièvement, car elle jeta cette fois un rugissement épouvantable, et se retourna brusquement comme pour charger, mais la force parut lui manquer, et elle se cacha dans un bouquet d'arbres, très-proche du ruisseau.

—La clarté n'est pas assez bonne pour tirer sûrement à cette distance, dit B... tandis que nous rechargions nos carabines.

—Eh bien ! nous allons la cerner de plus près, répondis-je. Il faudra d'abord la déloger de sa retraite au moyen de quelques fusées. Mais peut-être ferions-nous mieux d'attendre le jour, car la lune va bientôt disparaître derrière ce rideau de rochers.

—Rien ne vaut le temps présent, répliqua B... en sautant du bord escarpé dans le lit du ruisseau. Aussi envoyez Naga à la cabane pour y chercher les fusées et quelques-uns de nos gens, tandis que vous, moi et Googooloo, nous surveillerons le couvert, au cas où la bête essayerait de se dérober.

Connaissant la difficulté de tirer juste à la clarté de la lune, qui est fort trompeuse, ce fut avec quelque répugnance que j'ordonnai à Chineah de prendre une carabine, et d'aller avec Naga à la hutte chercher le reste de la troupe. Je le regrettai presque aussitôt après l'avoir fait, et j'éprouvai comme le pressentiment de quelque accident prochain, car je savais le danger extrême de faire sortir un tigre blessé d'un épais fourré, sous une lumière si incertaine. Je résolus donc de prendre toutes les précautions possibles, et, étant descendu à mon tour dans la nullah, suivi de Googooloo, je surveillai chaque côté du buisson où nous avions vu entrer la tigresse, jusqu'à ce que Chineah et le reste de la troupe, accompagnés de nos coolies, nous eussent rejoints. Nous nous formâmes alors en ligne ; B... prit la droite, je pris la gauche. Chineah, bien approvisionné de fusées, était au centre, et tous les autres, armés de courtes lances, se mirent à battre les jungles.

Ainsi disposés, nous nous avançâmes dans le fourré qui, bien que n'ayant que cinquante mètres de long sur vingt de large, était très-épais et tout rempli d'herbes grossières d'environ quatre pieds de haut. Nous aurions pu aisément déloger la tigresse en mettant le feu aux herbes, mais je n'en fis rien, parce que la flamme aurait effarouché tout le gibier des bois environnants.

Nous avions battu le terrain sans résultat jusqu'au milieu, quand nous entendîmes un rugissement sonore qui semblait sortir d'un large buisson recouvert de plantes grimpantes.

—Attention, maître, attention ! cria Chineah, en lançant dans le fort de la bête une couple de fusées allumées qui ne la firent pas bondir au dehors. Elle jeta seulement un grondement de colère.

Deux ou trois fois cependant, je crus voir le buisson s'ébranler, comme si la tigresse eût été sur le point de sauter, et une fois je saisis rapidement dans la lumière le contour de son corps, et je levai ma carabine, mais je l'abaissai de nouveau, car je n'aimais pas tirer avec un point de mire aussi incertain.

De nouveau les fusées de Chineah tombèrent en sifflant auprès d'elle, et l'un des projectiles la fit se mouvoir. B... l'aperçut et tira ses deux coups. Mais soudain elle bondit avec un rugissement effroyable, et renversa le pauvre Ali, qui, malgré mes ordres, s'était séparé des autres pour ramasser une pierre et la jeter dans le buisson. Son cri de douleur frappa tous les cœurs d'épouvante. Il était trop tard pour le sauver, et je résolus du moins de le venger. Je me précipitai vers l'endroit où la tigresse, devenue furieuse, secouait le corps de sa victime. Elle m'aperçut, poussa un court rugissement, quitta le cadavre, et se coucha sur le terrain, la tête basse, le dos arqué et la queue fouettant ses flancs agités. Au moment où elle allait bondir vers moi, l'ayant visée entre les yeux qui me lançaient de la flamme, je pressai la détente. Elle s'éleva de toute sa hauteur sur ses jambes de derrière, frappa l'air de ses pattes, et retomba morte.

Je courus alors au pauvre Ali, que je trouvai horriblement mutilé. La tigresse de son coup de patte lui avait brisé le crâne, puis elle lui avait enfoncé ses dents dans la gorge et dans l'épaule, brisé le bras en deux endroits et déchiré la cuisse.

B... et la troupe survinrent peu après. Les lamentations furent bruyantes, car Ali était beaucoup aimé de tous, et s'était toujours montré bon camarade autant que bon serviteur.

Nous couvrîmes son visage d'un linge, et au moyen de nos haches nous construisîmes une litière de bambous, sur laquelle on le reporta dans la hutte, où Yacoub-Khan, Hassan et Cassim, qui étaient musulmans comme lui, accomplirent les rites de leur culte. On l'enterra ensuite, sous un roc en surplomb, près de la mare, dans une fosse profonde où avaient été préalablement jetés le museau, les moustaches et les griffes de la tigresse. Nous assistâmes tous aux funérailles, et trois salves furent tirées sur son tombeau.

Chose étrange, à peine l'écho de la dernière détonation venait de s'éteindre dans les collines, que l'on entendit à plusieurs reprises le rugissement éloigné d'un tigre.

Pendant la cérémonie plusieurs de nos chasseurs se montrèrent vivement affectés, mais aucun d'eux ne dit une parole.

Seul, Chineah, les yeux remplis de larmes, prononça l'oraison funèbre suivante : « C'était un très-bon chasseur, mais il est mort ; que pouvons-nous faire à cela ? c'était sa destinée. » Puis chaque assistant posa une grosse pierre sur la tombe, de façon à former une espèce de monument funèbre.

Chacun de nos hommes nous faisant un profond salut s'en revint à la hutte, et nous les suivîmes, le cœur gros. La nuit n'étant pas encore achevée, nous nous mîmes au lit, mais l'épouvantable cri de mort du pauvre Ali me sonnait encore aux oreilles, et bien qu'épuisé de fatigue je ne pus dormir.

XVIII

LA GRANDE FORÊT ANNAMULLAY (*Suite*). — CHASSE AU BISON.

Nous étions fatigués physiquement et moralement. Notre besogne de la nuit avait été rude, et la fin malheureuse d'Ali nous avait profondément émus, bien que ce fût le genre de mort auquel nous étions souvent exposés nous-mêmes. Aussi ne fut-ce que tard dans la matinée que B... et moi nous fîmes notre apparition hors de la tente.

Chineah, Googooloo et deux des Mulchers étaient allés dans la forêt pour chercher des pistes, tandis que le Gooroo et le reste de la troupe s'occupaient activement à enlever les dépouilles des tigres morts.

Après un déjeuner confortable, nous allâmes nous promener vers l'étang où nous trouvâmes Hassan. Il attira notre attention sur un énorme poisson qui se chauffait tout de son long comme s'il eût été endormi sur la surface du lac, tandis que plusieurs autres de la même espèce, mais plus petits, s'élançaient de temps en temps hors de l'eau dans différentes parties de la mare. Il nous informa qu'il avait essayé depuis plusieurs heures de prendre un de ces poissons à la ligne, mais qu'ils étaient trop rusés pour mordre à l'appât. Comme Hassan était un pêcheur très-habile, je me tins pour assuré que quant à moi (qui dans les meilleures circonstances n'étais qu'un maladroit la ligne à la main), je n'aurais aucune chance de réussite. Je laissai B... s'amuser à jouer de l'amorce et de la mouche, et je retournai à la cabane faire des préparatifs qui rentraient mieux dans mes moyens.

Je pris un fusil ordinaire, que Chineah employait pour tirer les oiseaux sauvages, et, au milieu de la baguette de fer, j'attachai solidement un morceau de fil métallique en double, d'environ deux mètres de longueur, et je mis au bout une forte ligne de loch. Cela fait, je chargeai l'arme avec de la poudre et une épaisse bourre en feutre, puis je fis glisser la baguette, le gros bout en bas, en la maintenant à sa place au centre du canon, au moyen d'une seconde bourre qui s'adaptait exactement à l'extrémité du fusil.

Mes préparatifs achevés, je revins vers l'étang, et, en me glissant avec autant de précaution que possible, j'arrivai à vingt pas de ce gros gaillard qui faisait si tranquillement sa sieste au soleil. Je visai et fis feu. La baguette fila comme une flèche droit au but en traversant le poisson, et en entraînant avec elle le fil et une partie de la ligne. L'animal, se sentant blessé, bondit hors de l'eau, puis plongea, en nageant si vite que nos mains étaient coupées par la corde qui se déroulait. Il fit à plusieurs reprises le tour de la mare, mais enfin il parut avoir épuisé ses forces et se laissa amener à la surface de l'eau ; puis tout à coup, comme reprenant une vigueur nouvelle, il fit un autre bond et recommença à tourner rapidement dans le même cercle, au point que j'avais grand'peur de voir le fil se casser. Cependant, après une bonne heure d'un pareil exercice il se retourna sur le dos; il avait trépassé. Nous eûmes quelque peine à le tirer sur le bord à cause de son poids considérable.

Il était évidemment de l'espèce des carpes, ayant de larges écailles rondes, une nageoire dorsale, une queue fourchue aux lobes arrondis, et les côtes d'une couleur jaune olivâtre, se fonçant en noir sur le dos. Il pesait environ soixante-trois livres.

La chair se trouva grossière, rance et visqueuse, mais quelques-uns de nos gens en accommodèrent une partie avec du carry, et prétendirent que ce n'était point un mauvais manger.

Le Gooroo et Veerapah avaient fini de dépouiller la tigresse, et s'occupaient activement à rechercher nos balles. Le tigre avait été dépouillé dès le matin. C'était un beau spécimen de l'espèce : dix pieds deux pouces de longueur, y compris la queue; circonférence du corps, six pieds un pouce; circonférence d'une des pattes de devant, deux pieds dix pouces ; hauteur à l'épaule, trois pieds neuf pouces; circonférence de la tête, trois pieds cinq pouces. La tigresse était beaucoup moins grande.

Le malheureux sort du pauvre Ali avait jeté un nuage de tristesse sur nous tous, et le camp, qui retentissait d'ordinaire d'éclats de rire, était silencieux. Aussi, pour égayer un peu nos gens, je fis tuer deux moutons, auxquels j'ajoutai une allocation extraordinaire de tabac, ce qui eut l'effet désiré; car peu de temps après les marmites et les casseroles de cuivre bouillaient et bruissaient de tous côtés, et le bourdonnement affairé des voix se faisait entendre, comme d'habitude, à travers le bivouac.

Vers le soir, Chineah et sa troupe revinrent de leur reconnaissance avec trois jeunes marcassins que les chiens avaient pris vivants. Ils annoncèrent avoir rencontré un grand troupeau de bisons broutant parmi des jungles de bambous, à moitié chemin de la montée de la colline.

Nous fîmes un délicieux dîner avec un cuissot de venaison rôti et un cochon de lait grillé, et nous nous réunîmes autour du feu qui avait été allumé dans une fente du rocher, d'où il ne pouvait être aperçu à une certaine distance des bois environnants. Nos gens étaient en train d'improviser, suivant leur habitude en chasse, des chants repris en chœur et accompagnés sur des instruments du pays. Quand nous eûmes pris place sur un tapis recouvrant un monceau de feuilles sèches qui avait été préparé pour nous, le concert finit, et chaque homme vint me présenter son écuelle ou sa moitié de noix de coco, pour recevoir l'eau-de-vie que j'avais coutume de distribuer, ainsi que du tabac et des cigares, dans le conseil du soir où se décidaient les chasses du lendemain. La distribution faite, j'ouvris la discussion en exprimant le regret de ce qu'il était arrivé à la troupe de chasse le grand malheur de perdre un de ses membres; mais j'expliquai que le pauvre Au avait perdu la vie en désobéissant à mes ordres positifs de ne pas s'écarter de ses compagnon, et j'ajoutai que j'espérais voir mes chasseurs, instruits par son malheureureux sort, prendre plus de précautions à l'avenir. Je suggérai aussi que chacun de ses camarades devait souscrire une petite somme pour faire une bourse à son père (vieil *havildar* en retraite), et j'y fournis cent roupies ainsi que B.... Je fus charmé de voir, lorsque Chineah fit la ronde avec sa moitié de coco, que chaque assistant, jusqu'aux coolies eux-mêmes, y jeta une roupie ou ce qu'il pouvait offrir.

Je donnai ensuite mes ordres pour le lendemain, et après avoir fumé en causant chasses et aventures pendant plusieurs heures, nous allâmes nous coucher

Dès la pointe du jour mon factotum *Cinq-Minutes* entra dans notre tente avec du café chaud, relevé d'une pointe d'eau-de-vie, ce qui constitue le meilleur cordial possible pour un chasseur dans les jungles; car il neutralise le mauvais effet des vapeurs matinales.

Nous trouvâmes tous nos hommes encore enveloppés dans leurs couvertures autour d'un grand feu, car la matinée était humide et froide. Je fis distribuer à chacun d'eux un verre de grog, et Chineah fit la répartition des fusils de rechange, des couvertures et des provisions que chacun devait porter au cas où nous aurions à passer la nuit dans les bois, ce qui nous arrivait fréquemment.

Aussitôt que nous pûmes distinguer assez clairement les objets, nous entrâmes en forêt où nous entendîmes les coqs sauvages chanter déjà joyeusement. Les premières créatures vivantes que nous rencontrâmes étaient deux grands hibous chaperonnés qui, pareils à des viveurs endormis après leurs orgies de la nuit, s'en allaient, en poussant des huées et en battant nonchalamment l'air de leurs lourdes ailes, regagner leur retraite dans quelque arbre creux. Peu après nous rencontrâmes une troupe de singes qui se dirigeaient évidemment vers l'étang pour y boire le coup du matin, mais qui s'enfuirent à notre approche, en sautant de branche en branche, en caquetant et en nous faisant des grimaces. Nous vîmes aussi bondir çà et là de beaux cerfs, à travers les percées de la forêt. L'air frais du matin était chargé du parfum des plantes et des fleurs, et la forêt commençait à retentir du chant de ses innombrables oiseaux.

Nous suivions la piste indiquée par Chineah, et nous arrivâmes à un endroit couvert de bambous où il découvrit la voie fraîche du troupeau de bisons.

Nous nous assîmes sur un banc de rocher pour reprendre haleine, et nous reposer avant de suivre cette voie. Nous étions en train de savourer un grog accompagné de cigares, jouissance qu'on ne goûte jamais mieux que dans les jungles, lorsqu'une exclamation de Googooloo nous fit, B... et moi, sauter sur nos carabines, qui étaient appuyées derrière nous contre un arbre. Je fis signe à nos gens de se coucher à plat ventre sur le sol, et j'écoutai pendant quelques minutes sans rien entendre; mais un coup d'œil jeté sur la physionomie expressive de Googooloo m'apprit qu'il avait saisi quelque bruit dans l'air, et je restai en alerte.

Juste à ce moment nous entendîmes un aboiement aigu que je reconnus être celui d'un élan. Je me glissai aussi doucement que possible vers une saillie du rocher qui commandait la vue des alentours, et j'aperçus un troupeau de cette espèce qui paissait dans une clairière, à environ quatre-vingts mètres au-dessous de nous. Un beau cerf aux larges andouillers broutait, ignorant du danger, à portée facile de nos carabines, et un autre, couché à l'ombre, ruminait entouré de ses biches.

B... tira le premier; le cerf qu'il avait visé fit un bond convulsif et retomba mort. Le second mâle redressa la tête avec un ronflement sauvage; l'occasion était bonne; je lui envoyai une balle de deux onces qui lui fracassa le crâne.

Sans relever ma carabine, je visai une biche et je la jetai bas l'épaule brisée; elle se releva néanmoins et nous aurait fait courir longtemps ou peut-être même eut été perdue, si B... ne lui avait envoyé le contenu de son second canon qui la renversa de nouveau. Elle luttait encore, mais Chineah courut lui enfoncer son long couteau dans la poitrine, et ce fut tout.

Nous dépeçâmes le gibier tué ; et une partie de la chair fut réservée pour notre usage immédiat. Nous suspendîmes le reste au moyen de plantes grimpantes à une branche d'arbre, en y attachant un mouchoir de poche rouge comme drapeau, pour écarter les vautours qui, autrement, auraient éventé la proie et ne nous auraient laissé que les os. J'envoyai un des Mulchers porter les têtes à notre cabane, attendu que les bois étaient bons, et lui donnai l'ordre de rassembler quelques hommes de sa tribu pour descendre la venaison et laisser les peaux à mes serviteurs.

Cet épisode terminé, nous nous remîmes sur la trace des bisons. Il était heureux que nous fussions pourvus de guêtres à sangsues, consistant en longs bas très-fins que nous portions sur nos bas ordinaires, car les sangsues de terre fourmillaient dans l'herbe humide et la végétation vivace de la forêt. Ces pestes des jungles sont d'une dimension au premier abord insignifiante, n'ayant pas plus d'un pouce de long, et n'étant pas plus grosses qu'une aiguille à tricoter ; mais, une fois gonflées de sang, elles atteignent le double de cette longueur et deviennent larges comme une forte plume. Elles ont la faculté de planter l'une de leurs extrémités sur le sol et de se tenir droites en équilibre pour guetter leur proie, vers laquelle elles s'avancent rapidement en doublant le corps, et s'y attachent avec la tête et la queue. Elles sont d'une couleur brun jaunâtre rayée de noir, avec une ligne verdâtre tout le long du dos, et une raie jaune de chaque côté. Leurs morsures causent à peine une faible douleur sur le moment, car la piqûre est si petite qu'on ne peut facilement l'apercevoir; mais elles amènent une irritation désagréable et occasionnent souvent des ulcères qui sont longs à guérir. Mes chasseurs avaient l'habitude de s'enduire les jambes nues d'une espèce particulière de graisse mélangée avec des cendres, dont l'odeur empêchait les sangsues de les mordre, autrement ils auraient été sérieusement incommodés de leurs attaques.

Après avoir suivi la voie des bisons pendant quelques milles, Chineah et Googooloo se coulaient le long d'un abîme qui semblait avoir été creusé par un torrent impétueux, quand ils nous firent signe, à B... et à moi, de garder le silence, et peu après ils nous invitèrent d'un geste à nous avancer.

Nous nous glissâmes sans bruit vers eux, en rampant sur les mains et les genoux pendant près de cent mètres. Nous atteignîmes ainsi le sommet de la colline, d'où nous vîmes un grand troupeau de bisons paître tranquillement dans une clairière. Je me plaçai derrière le tronc d'un arbre pour reconnaître la position. J'indiquai alors à B... un magnifique taureau qui, entouré de ses femelles, broutait nonchalamment les jeunes pousses d'un bouquet de bambous à une centaine de mètres de distance, et je le priai de réserver son feu jusqu'à ce qu'il eût entendu mon signal. J'avais l'intention de m'attaquer au patriarche du troupeau, un gaillard colossal, avec un fanon énorme et des épaules d'une carrure prodigieuse, lequel battait du pied la terre avec colère et poussait de profonds mugissements, comme s'il eût été impatient que le troupeau se retirât dans l'épaisseur des jungles pour s'abriter contre les rayons du soleil, qui commençaient à devenir accablants.

Je descendis quelque peu sur le versant de la colline, et me glissai le long du sommet jusqu'à ce que je fusse arrivé sous le couvert d'un bouquet de bambous où je l'aperçus de nouveau. A ce moment je fus découvert par un jeune bison qui se leva tout près de moi et courut, la queue droite, vers le reste du troupeau, dont tous les membres, dressant la tête, semblèrent regarder avec inquiétude dans ma direction. Je restai quelques instants parfaitement tranquille, l'œil fixé sur le puissant taureau qui se trouvait à une distance d'environ trois cents mètres. Quand je vis que l'alarme était calmée, je me coulai doucement en avant, et parvins à me retrancher derrière un large bosquet de rhododendrons à cent vingt mètres de lui.

Je lançai alors un sifflement aigu, et peu après j'entendis une double détonation suivie de trois autres. Mon taureau ayant levé la tête au bruit, trotta en avant pour reconnaître, déchirant le sol de ses sabots, et se fouettant les flancs de sa queue comme s'il se fût indigné de voir ainsi violer sa retraite. Dans cette position il me présentait favorablement son épaule. J'y plantai, un peu en arrière, une lourde balle cylindro-conique qui le fit tomber sur ses genoux avec un beuglement de colère.

Affolé de douleur, il se relevait et chancelait sur trois jambes, qaund je lui envoyai le contenu de mon second canon presque à la même place, ce qui le fit rouler sur lui-même. Chineah me tendit mon fusil de rechange et je quittai le couvert. A peine le bison m'eût-il aperçu qu'il se releva avec un mugissement terrible, et me chargea tête baissée, les yeux flamboyants. Je le laissai venir à six pas et l'arrêtai court d'une balle au milieu de son large front. Il fit en avant un plongeon désespéré et roula lourdement sur le côté. Ses compagnons s'enfuyaient frénétiquement à travers la plaine.

Je me glissai derrière un buisson pour recharger, et me coulant ensuite en avant je parvins à tuer une femelle, et à en blesser grièvement une autre, avant que le troupeau épouvanté eût cherché son salut dans la fuite en se ralliant en un seul corps, qui partit en fracassant sur son passage les jungles de bambous épais. J'achevai ensuite l'animal blessé d'une balle derrière les cornes.

En cherchant B... et Googooloo, que je ne pouvais apercevoir nulle part, je trouvai les cadavres d'une vache et d'un jeune bison, ce qui me prouva qu'ils n'avaient pas perdu leur temps. Pendant que j'examinais ce dernier en pensant aux côtelettes de veau et aux os à moelle, j'entendis quatre coups de feu dans le couvert qui couronnait la colline, et immédiatement après un grand cri de B....

Je courus à lui et le trouvai hors d'haleine appuyé sur le cadavre d'un énorme bison qu'il venait de tuer à l'instant.

—Je suis éreinté, me dit-il, par suite de la chasse que cet enragé m'a donnée. Je l'ai touché droit entre les yeux, et il est tombé sur le coup. Je le croyais mort et n'y faisais plus attention, si bien que je m'étais mis à tirer sur le troupeau qui décampait au plus vite, quand d'un bond il s'est relevé, a secoué la tête d'une manière farouche, et poussant un mugissement de colère, a chargé droit sur moi. Toutes mes armes étant déchargées, je sautai de côté et m'écartai ainsi de son chemin ; l'animal alors dirigea son attention sur Googooloo, qui l'esquiva assez facilement parmi les arbres. Nous ne pouvions plus le retrouver, et c'est tout à l'heure seulement que le Yanadi me l'a montré dans ce massif de grandes herbes, où il s'était couché pour nous éviter. C'est là que je l'ai achevé. Et vous, qu'avez-vous fait?

—A peu près la même chose que vous, répondis-je; j'ai tué le gros bison et deux autres plus petits, ce qui fait à nous deux six bisons d'abattus, outre nos trois élans. Ce n'est pas, en un jour, une trop mauvaise besogne pour deux fusils seulement.

—Les Mulchers seront bien heureux, monsieur, s'écria Chineah; ils auront de la viande dans leurs cabanes pour bien des jours, et l'on parlera longtemps dans les profondeurs des jungles de la grande chasse de ces messieurs.

Après avoir coupé les langues, que nous salions généralement, et avoir empaqueté quelques os à moelle, nous abandonnâmes le gibier aux Mulchers, ne nous réservant que les peaux, et, nos carabines sur l'épaule, nous partîmes.

Nous suivions une route parallèle au sommet du ravin, en prenant soin de ne pas approcher trop près du bord parce que le gazon était uni et glissant, et qu'en de certains endroits nous aurions pu tomber de quelque mille pieds avant de toucher le sol.

Nous entrâmes bientôt dans une forêt de gigantesques arbres de teck, si épaisse que les rayons du soleil n'y pénétraient jamais, et que la lumière y ressemblait à un faible et douteux crépuscule. Il faut avoir exploré une forêt dans les Indes pour se faire une idée des profondes ténèbres et de l'étrange silence qui règnent dans ces solitudes. En sortant des jungles boisés qui couvraient le sommet élevé le long duquel nous avions jusque-là suivi notre route, noue descendîmes par une gorge rocheuse dans une belle vallée revêtue d'un gazon court et serré, d'un vert d'émeraude, au milieu de laquelle coulait avec un doux murmure un ruisseau d'une eau claire et transparente, jusqu'à un rocher en surplomb d'où il se précipitait en bondissant de saillie en saillie et formait une série de cataractes écumantes; puis enfin, dans sa course folle, tombait du versant presque perpendiculaire de la montagne et balayait de ses flots le précipice escarpé à l'extrémité, supérieure du ravin où nous avions bâti notre cabane.

Nous nous dirigeâmes vers la première chute et, en nous couchant à plat ventre par terre, nous rampâmes jusqu'au bord du précipice. De là, jetant avec précaution nos regards en bas, nous contemplâmes une scène qui nous payait amplement de toute notre fatigue. La plaine brûlante du bas pays se déroulait comme une carte devant nous, à quelques milliers de pieds au-dessous de nos têtes, et nous pouvions suivre pendant plusieurs vingtaines de milles le cours tortueux de la rivière Bowani tandis qu'elle étincelait aux rayons du soleil comme un fleuve d'argent. A notre droite s'élevait un grand amphithéâtre de hauteurs escarpées dont chaque partie, à l'exception du versant abrupt de quelque rocher perpendiculaire, était couverte de forêts vierges, et, bien plus loin encore, on pouvait distinguer le contour dentelé de chaînes plus reculées qui paraissaient bleues et indécises à la lumière faiblissante du jour près de s'éteindre. C'était un spectacle d'une beauté suprême et qui a laissé une vive impression sur mon esprit, bien que peut-être un splendide coucher de soleil qui dorait tout le côté oriental du tableau, en lui prêtant un éclat particulier, ait contribué à rendre plus séduisant encore ce point de vue, en revêtant de ses riches teintes dorées les pics élevés et les rochers rugueux que le peintre aime à semer dans ses paysages.

Le jour tirait rapidement à sa fin, et il était temps de penser à préparer notre bivouac pour la nuit; nous choisîmes un terrain en pente pour le campement, sous le vent d'un énorme bloc de rocher couvert de mousse, flanqué de deux arbres d'un aspect étrange, et dont le feuillage épais et sombre, les branches noueuses et les racines tortueuses nous rappelaient beaucoup ces anciens ifs que l'on rencontre si fréquemment dans les cimetières de campagne de la vieille Angleterre. Ce petit coin d'Arcadie était embelli par des parterres naturels d'orchidées, de camellias sauvages, de rhododendrons et d'autres arbrisseaux en fleur, pendant que des bouquets d'arbres de haute futaie s'élevaient çà et là montrant suspendus à leurs branches les festons de l'*entada pursatha* aux cosses gigantesques de près de six pieds de long, et les fleurs d'autres parasites dont l'odeur embaumait les airs.

Chineah et nos gens eurent bientôt construit deux huttes, l'une pour nous, l'autre pour eux, en enfonçant des bambous dans la terre, et en réunissant les sommets des cannes qu'ils attachaient avec des plantes grimpantes de façon à former une voûte, après quoi ils garnissaient les côtés de petites branches entrelacées. Ils creusèrent ensuite une tranchée en amassant la terre tout autour, et recouvrirent le tout d'une couverture en poils de chèvre bien tendue au moyen de chevilles, ce qui rendait cet abri imperméable. Dans notre tente un tapis fut jeté sur un lit de feuilles sèches, un râtelier construit pour nos carabines, et une lanterne à œil-de-bœuf suspendue prête à être allumée.

J'étais habitué à prendre mes aises chez moi, surtout dans les jungles, en choisissant avec soin l'endroit où e devais passer la nuit, car bien qu'après de longues années de campagne ma constitution soit devenue plus robuste et moins susceptible de souffrir du froid et de l'humidité, j'ai vu tant de solides gaillards succomber à la dyssenterie et à la fièvre, dont ils avaient ramassé les germes en s'exposant sans précaution à l'air de la nuit, après une chaleur et un épuisement extrêmes, que je me soigne toujours scrupuleusement, d'autant qu'il n'est rien de plus misérable que de grelotter sous une maigre couverture, et de sentir l'air de la nuit vous traverser le corps jusqu'à ce que le sang soit presque figé dans les veines, quand un peu de soin et de prévoyance aurait pu empêcher ce désagrément.

Le soleil venait de disparaître de l'horizon, et le crépuscule près d'expirer, s'obscurcissant en nuit, suffisait à peine à découvrir les beautés de la scène qui nous entourait. Nous nous rendîmes près du feu de bivouac, où tous nos gens étaient activement occupés à préparer le repas du soir. Leur mouvement présentait un contraste étrange avec le calme profond qui régnait, quelques minutes auparavant, dans cette vallée sauvage. Après un cigare et une joyeuse causerie, nous nous endormîmes satisfaits des résultats de notre journée.

XIX

LA GRANDE FORÊT ANNAMULLAY (*Suite.*) — UN SOLITAIRE.

Peu après que nous nous fûmes retirés pour reposer, je fus réveillé par un bruit et un tumulte extraordinaires au dehors de notre cabane ; j'appelai Chineah, et je trouvai que Naga et Veerapah, suivis d'une troupe de Carders, venaient d'arriver. Naga rapporta que les Carders lui avaient parlé d'un éléphant mâle porteur d'énormes défenses, qui s'était fait voir plusieurs fois, dernièrement, dans un ravin boisé à environ deux *coss* (quatre milles) de distance.

Veerapah s'était mis à sa poursuite avec quelques autres ; et, pendant qu'ils suivaient sa piste en causant entre eux, il s'était montré tout à coup et les avait chargés, mais ils s'étaient échappés en grimpant sur des arbres où ils étaient restés jusqu'à ce qu'il se fût éloigné.

Je pris la résolution d'aller chercher cet éléphant, que je soupçonnais *un solitaire* chassé du troupeau par ses compagnons à cause de son mauvais caractère. M'étant couché, je dormis jusqu'au matin, où je fus éveillé par Chineah.

Une tranche de venaison grillée sur la braise de notre feu, une tasse de café et quelques *chapaties* (gâteaux arrondis en farine de riz), composèrent notre déjeuner; pendant le repas, j'annonçai à mon ami B... les nouvelles apportées par Naga.

Comme il n'y avait qu'un éléphant, suivant notre coutume ordinaire en pareil cas, nous jouâmes à pile ou face pour savoir qui aurait *le coup,* et B... gagna comme il faisait généralement.

Nous partîmes, et pendant un mille environ, nous descendîmes le cours de la vallée, puis nous entrâmes dans une belle forêt de magnifiques arbres de teck, où nous rencontrâmes bientôt la voie de vieux temps d'un éléphant, que nous suivîmes dans une pièce de jungle de hauts bambous ondoyants, où il avait évidemment séjourné pendant plusieurs jours.

A la fraîcheur des empreintes en cet endroit, je jugeai que la bête ne pouvait être fort loin, et j'ordonnai à tous nos gens, à l'exception de Googooloo et de

Naga, qui portaient nos fusils de rechange, de monter sur des arbres pour être hors de la voie au cas où nous rencontrerions l'animal. Peu après nous arrivâmes à un ruisseau sablonneux qu'il venait de traverser, car l'eau coulait encore dans les traces de ses pieds puissants. Tout en examinant ces traces, Googooloo nous fit signe d'écouter; et par-dessus ce bourdonnement étrange, indescriptible et sourd, produit par le monde des insectes dans les profondeurs de la forêt, j'entendis très-distinctement « urmph ! urmph ! » bruit que je savais produit par l'éléphant quand il souffle par sa trompe. Nous prîmes alors les fusils de réserve des mains de Naga et de Googooloo.

Nous fîmes signe à nos deux hommes de grimper sur des arbres, et nous nous glissâmes avec aussi peu de bruit que possible vers l'endroit d'où provenait le bruit. Bientôt nous eûmes la satisfaction de voir un éléphant pourvu de défenses d'une belle grandeur se frottant contre le tronc d'un arbre de teck. Nous fîmes un détour pour nous tenir contre le vent, et, après avoir armé nos carabines, nous nous approchâmes avec précaution. Il était si occupé à se gratter qu'il ne s'aperçut pas de notre approche, et nous laissa venir tout près derrière lui. Je poussai tout à coup un sifflement aigu qui attira l'attention de l'animal, ses oreilles se dressèrent, et il fit un tour sur lui-même en exposant en plein son large front à notre vue. Prompt comme la pensée, mon ami B... souleva sa carabine et tira un double coup.

Une lourde chute, un faible cri suivirent la double détonation, et quand la fumée se fut dissipée, je vis que l'éléphant s'était précipité lourdement en avant, et avait enfoncé ses défenses à près d'un pied de profondeur dans la terre. Je m'avançai pour lui donner le coup de grâce; mais il n'en était pas besoin, les deux balles avaient frappé le point vulnérable, immédiatement au-dessus de la trompe, à un pouce l'une de l'autre, et, comme elles avaient pénétré dans la cervelle, la mort avait été instantanée.

Un éléphant qui a une fois perdu son troupeau ou sa famille est un proscrit pour le reste de la race, car il ne lui est pas permis de se joindre à aucune autre troupe, bien qu'il puisse fréquenter les mêmes pâturages. Je pense que leur vie solitaire les fait devenir tristes et méchants.

Quand nos gens furent arrivés, nous nous mîmes à couper les défenses. Cette tâche nous prit près de trois heures; nous coupâmes ensuite le bout de la queue, et les extrémités des oreilles et de la trompe pour les envoyer au *cutchery* (bureau du percepteur), afin de toucher la prime payée par le gouvernement.

Nous descendîmes le défilé et nous arrivâmes à notre

cabane au coucher du soleil. Nous eûmes la satisfaction de trouver des amis qui nous étaient arrivés de Coimbatore, en train de se baigner. Nous les rejoignîmes, et, après un plongeon rafraîchissant, nous nous assîmes devant un excellent dîner, où mon chef de cuisine *Cinq-Minutes* surpassa toutes ses œuvres antérieures en nous faisant savourer un pâté des plus délicieux à la moelle de bison. Après le dîner, nous sortîmes pour déguster le cigare et faire circuler[1] *la liqueur qui réjouit le cœur sans troubler l'esprit*. Mon ami nous amusa beaucoup en nous racontant la première rencontre d'un certain Irlandais nommé Lynch avec les *bêtes sauvages*.

Il était débarqué en qualité de cadet à Madras.

Très-peu de temps après, on l'envoya rejoindre une troupe de jeunes officiers à Poonamallee. Il expédia ses bagages la veille de son départ, et, dès le lendemain matin, il se mit en route accompagné de son groom.

Notre homme, ayant entendu dire que l'on rencontrait des ours et des tigres dans l'intérieur du pays, s'était équipé et armé en conséquence.

Après avoir franchi quelques milles au delà de Madras, il arriva près d'un réservoir où il vit nager deux créatures noires étranges, qu'il prit pour des alligators

[1] Le café.

ou des hippopotames (il n'était pas bien fixé à cet égard).

Immédiatement il descendit de cheval, saisit son fusil qu'il chargea à balle et se glissa aussi doucement que possible vers sa proie, qui, à sa grande surprise, le laissa s'approcher assez près et se mit à lui ronfler au nez. L'Irlandais, visant à son aise la tête de l'un des deux animaux, lâcha la détente, et la bête coula aussitôt; il lança ensuite sa seconde balle à l'autre, et la blessa si grièvement qu'elle commença à se retourner sur le dos.

Notre chasseur improvisé rechargea son arme, et, après quelques décharges successives, il arriva à ses fins et se trouva plein de joie d'avoir tué son premier *gros gibier*. Il n'osa pas cependant descendre dans le réservoir pour tirer dehors ses victimes; car, comme il l'avouait lui-même, il était un peu effrayé par l'idée qu'il pourrait se trouver encore d'autres créatures pareilles au fond de l'eau, et il se mit à appeler quelques villageois à son aide. Quand il leur eut indiqué son gibier, il les vit, à sa grande surprise, commencer une série de vociférations et de lamentations en se frappant la poitrine et en poussant des hurlements frénétiques. « Par tous les diables! s'écria l'enfant de l'Irlande, bien sûr que c'est un de leurs alligators sacrés que je viens de tuer! » Aussi, remontant à cheval, il partit au grand galop, et arriva à Poonamallee juste au moment où ses compagnons de route se mettaient à table pour déjeuner. Il raconta son aventure.

Les officiers l'écoutèrent avec surprise, mais un nuage passa sur la figure de l'officier commandant le détachement, lequel, se tournant gravement vers notre héros, lui dit :

— Monsieur Lynch, j'ai bien peur que vous n'ayez tué deux nègres, et que vous ne vous soyez mis sur les bras une mauvaise affaire.

L'Irlandais déclara qu'il n'en était rien, mais il resta triste pendant tout le temps du déjeuner, lorsque tout à coup un grand bruit se fit entendre au dehors. Le désolé chasseur reconnut la voix de son groom, bondit à la porte, et revint un moment après en criant :

—Pour sûr, capitaine, ce ne sont pas du tout des nègres, mais bien une belle paire de vaches marines que j'ai tuées, car on les apporte suspendues à des bâtons.

Ai-je besoin de dire que l'Irlandais avait tué deux buffles *apprivoisés,* tandis qu'ils nageaient dans le réservoir en ne montrant que le mufle hors de l'eau, et qu'il fut réduit à sortir d'embarras en payant immédiatement une quarantaine de roupies, et en recevant une verte semonce de l'officier commandant la station.

Après cette histoire, qui fut applaudie à juste titre, une discussion s'éleva relativement à la taille et à la force comparées du lion et du tigre, et comme j'avais quelque expérience sur ce sujet, la question me fut soumise. Je donnai mon avis que le tigre était plus gros et plus puissant, mais que, généralement, le lion montrait plus de courage[1].

—C'est précisément ce que je soutenais, Henry, s'écria mon ami B... ; mais racontez-nous une de vos aventures au Cap ?

—Volontiers, répliquai-je en m'humectant le gosier ; je vais vous dire l'histoire de mon premier lion. J'habitais la campagne à Natal, avec un vieux camarade qui avait quitté le service pour devenir colon. Un jour, comme nous étions assis sous un pavillon de natte devant la maison, occupés à fumer, un colporteur hollandais nommé Vanderhalt (personnage bien connu dans la colonie), vint nous informer qu'il avait vu un troupeau de *sauteurs* dans le Berere, large étendue de jungles située à quelques milles de distance de là.

Nous montâmes à cheval avec nos fusils et nos carabines, et, après une course de cinq heures, nous arrivâmes aux foulées du troupeau. Ces animaux, qui tirent

[1] Ici le major L.., parle du lion du Cap, beaucoup moins grand que celui de l'Afrique du Nord. D'après ce que nous savons de l'un et de l'autre comparés au tigre, il est certain que ce dernier est plus *long* que le lion de l'Atlas, mais qu'il perd en longueur ce que l'autre gagne en *force*.

(*Note du traducteur.*)

leur nom des *sauts* prodigieux qu'ils font par-dessus les buissons ou tout autre obstacle qui se rencontre sur leur chemin, sont un peu moins grands que le cerf commun, et à peu près de la même couleur, avec une raie blanche de chaque côté et une bande ou crinière noire le long du dos, qu'ils peuvent dresser ou étaler à volonté. On les prend quelquefois avec des lévriers, mais il faut un bon chien pour les forcer. Pleins de confiance dans leur vitesse, ils sont amusants à voir dans leurs allures dédaigneuses à l'égard de ceux qui les poursuivent; ils les laissent venir tout près, et bondissent en poussant un ronflement; ils secouent leur crinière, changent de couleur et paraissent blancs. Ce sont des animaux extrêmement gracieux, qui sautent à merveille, la tête rejetée en arrière, les jambes repliées sous le corps, recourbé de telle sorte qu'ils semblent, pour le moment, suspendus en l'air.

Nous étions tous, y compris le Hollandais, montés sur de magnifiques chevaux du Cap, appartenant à mon hôte, et accompagnés d'un domestique indigène et d'un jeune Hottentot appelé Hans Kleine.

Nous suivîmes la voie pendant quelque temps, et nous arrivâmes à une rivière dont les bords étaient garnis de roseaux, et qui avait une vingtaine de mètres de largeur.

Quand nous arrivâmes de l'autre côté, nous nous

aperçûmes, au vu des empreintes, que le troupeau s'était dispersé en plaine, comme s'il avait été subitement effarouché ; et, en examinant de plus près le terrain, nous trouvâmes les voies de deux lions de grande taille et d'une paire de lionceaux parvenus à la demi-croissance, dont la présence justifiait pleinement la panique qui avait eu lieu.

Il était évident que ces animaux s'étaient cachés dans un bosquet de mimosas près de la rivière, pour y attendre la proie qui viendrait se désaltérer, et d'après la fraîcheur des empreintes, j'étais certain qu'ils ne pouvaient être éloignés. Je suivis la piste pendant un mille environ en plaine, jusqu'à ce que je fusse arrivé à une colline basse et conique sur laquelle je montai pour mieux voir le pays environnant.

J'explorais l'horizon avec ma lorgnette de campagne, qui ne m'était pas d'une grande utilité à cause d'un mirage qui arrêtait la vue et rendait obscurs tous les objets éloignés, lorsque Kleine, le jeune Hottentot, me toucha l'épaule et me fit remarquer une bande de vautours qui tournaient en cercle dans l'air à une petite distance, en me disant : *Dar ist der verdamt tau!* (voilà le maudit lion). Je dirigeai ma lorgnette vers l'endroit sans rien distinguer, mais après un petit galop en avant, j'eus bientôt la satisfaction de voir un lion et une lionne adultes, avec deux lionceaux de moyenne taille, qui se repaissaient des restes de deux sauteurs (*spring bucks*).

J'examinai les cheminées de mon fusil pour voir si la poudre les garnissait bien, et je courus droit aux lions. Mon cheval, qui goûtait fort peu cette espèce de chasse, devint si rétif et si emporté que je ne pouvais presque plus en rester maître. Aussi, voyant que je n'aurais aucune chance de tirer en selle avec quelque précision, je dus revenir près de mon camarade, qui, avec le Hollandais et les domestiques, avait gagné le haut de la colline en observant les lions, gibier que pas un d'eux ne semblait disposé à attaquer. Je descendis de cheval, et je me disposai à ouvrir la campagne à mes risques et périls.

Pendant la retraite que j'avais opérée à cause de l'indocilité de mon cheval, le lion s'était avancé à près de deux cents mètres en deçà de l'endroit où gisait le gibier mort, en laissant la lionne et ses petits continuer leur repas, et il était là tranquillement à surveiller notre groupe, étendu de toute sa longueur sur le gazon, les pattes allongées en avant, et bâillant nonchalamment, à environ quatre cents mètres de distance. Quand il s'aperçut que je m'avançais vers lui, il poussa un rugissement sourd et prolongé comme le tonnerre, pensant peut-être m'intimider ainsi; mais, n'ayant pas obtenu le résultat qu'il désirait, il se leva et s'assit sur son derrière, comme un chien, en poussant de sourdes menaces et en tournant de temps en temps la tête vers sa compagne et ses petits.

Ceux-ci comprirent enfin qu'un danger menaçait. Ils se retirèrent un peu plus loin dans les collines, ce dont je ne fus point fâché. Lorsque je fus arrivé à deux cent cinquante mètres environ du lion, je m'arrêtai pour faire glisser de mon épaule mon second fusil que je portais en bandoulière. Le lion sauta sur ses pieds et fit à ma rencontre trois ou quatre bonds énormes, en se battant les flancs de sa queue, montrant ses dents et poussant un rugissement terrible dont la terre sembla trembler, au point que le cheval que j'avais monté s'échappa des mains du Hottentot qui le tenait et s'enfuit à travers la plaine.

J'avançais toujours, le lion ne fit pas mine de reculer, et, se couchant sur le ventre, il gronda de la manière la plus sauvage. Je compris que le dé était jeté et qu'il n'y avait plus à reculer : c'était un duel dans toutes les règles entre l'homme et la bête, et l'affaire commençait à devenir sérieuse, car il n'y avait plus que soixante mètres à peine entre nous deux. Le lion restait encore la tête couchée entre ses pattes, bien que de temps à autre il parût vouloir se lever, et il déchirait la terre avec ses griffes de derrière. Ses prunelles étincelaient de rage, sa crinière était hérissée, sa queue battait ses flancs, et je sentis qu'il surveillait tous mes mouvements et qu'un plus long retard serait dangereux. En conséquence, j'armai tranquillement mon second fusil, je le mis à côté de moi à terre; je poussai un grand cri, et en même temps je jetai vers l'animal ma casquette de chasse.

L'effet désiré fut obtenu; il bondit sur ses pieds; je levai ma carabine, je visai à mon aise dans sa large et massive poitrine, et je lâchai la détente; je vis le lion faire en l'air un saut énorme et retomber sur le dos. Je me précipitai en avant pour lui donner le coup de grâce, mais il n'en était pas besoin. Un tremblement convulsif passa dans ses membres énormes, le sang jaillit de son nez et de sa gueule, la mâchoire inférieure tomba inerte : mon premier lion était mort[1].

Ce récit parut intéresser vivement mon auditoire.

Le lendemain, aux premières lueurs du matin, les fanfares du cor de chasse retentirent dans la vallée. Nous nous habillâmes en toute hâte. Une collation nous disposa à monter le défilé. Les coolies nous accompagnaient avec des provisions. Nous entrâmes dans les jungles à la pointe du jour. Arrivés à l'endroit où commençait la chute, nous construisîmes une cabane plus commode que la précédente. Nous eûmes ce jour-

[1] Nous estimons l'action de tuer *un lion, de cette manière*, cent fois plus glorieuse, que d'en tuer *cent* à l'affût.

là un magnifique festin. C'était une rouelle du fameux bœuf aux épices de Dawson, un jambon d'York, un rôti et un pâté à la moelle, du pilau, du curry et des monceaux de framboises et de fraises sauvages. Nous y fîmes largement honneur. Nous nous rendîmes ensuite au feu de bivouac où tous nos gens étaient assemblés. Après avoir distribué à chaque homme de notre camp sa part habituelle de tabac et de grog, nous tînmes une consultation dans laquelle il fut résolu que, le matin suivant, nous nous diviserions en deux bandes pour reconnaître le terrain. Le matin venu, nous partîmes d'un bon pas pour l'endroit où les Carders avaient rencontré les éléphants. Après une marche d'une demi-heure nous découvrîmes une piste que B... suivit avec un de nos amis, Chineah et quatre de nos chasseurs. Plus tard et plus loin nous en trouvâmes une autre que je suivis avec mon ami K..., Googooloo et le reste de ma troupe.

Je reconnus à des signes certains qu'une troupe d'éléphants venait d'y passer. Nous les suivîmes de notre meilleur pas, et une heure après nous rencontrâmes l'arrière-garde de la troupe, qui se composait de trois femelles. J'eus quelque peine à empêcher mon compagnon de leur tirer un coup de fusil, car c'étaient les premiers éléphants sauvages qu'il eût jamais vus. Je lui dis de m'attendre sous le couvert aussi tranquillement que possible, tandis que je pousserais une reconnaissance; mais je l'avais à peine quitté que j'entendis un double coup de feu, et en me retournant je vis mon compagnon courant à travers les jungles devant un éléphant pourvu de défenses qui le suivait de près. L'éléphant, malgré ses formes lourdes, court sur le terrain beaucoup plus vite qu'on ne pourrait le supposer. Mon pauvre ami se trouvait dans le plus grand danger.

Je ne pouvais tirer sur la bête, car elle ne me présentait aucun endroit vulnérable; néanmoins, voyant qu'elle s'était rapprochée de manière à atteindre bientôt mon ami avec sa trompe, je tirai mes deux coups à son oreille et je la fis tomber sur ses genoux, ce qui permit au chasseur de grimper sur un arbre. Il était temps : quelques secondes plus tard il eût été broyé sous les pieds de l'animal. Quoi qu'il en fût, je pus l'achever avec mon second fusil, que Googooloo se hâta de me tendre.

A l'instant où je l'avais quitté, mon ami avait entendu un petit bruissement sous le couvert, et presque aussitôt l'éléphant lui était apparu. Il avait à la hâte tiré ses deux coups, et, ne voyant pas tomber l'animal, il s'était sauvé. Je suppose que l'apparition de l'éléphant l'avait troublé, car un seul de ses coups avait porté, et cela très-haut dans le front. Je le félicitai de l'avoir échappé si belle. Le bruit de nos fusils avait causé une grande panique dans le troupeau. Tous les éléphants se précipitèrent à travers la forêt. Il était certain qu'ils ne s'arrêteraient qu'après avoir mis une énorme distance entre eux et nous. Mon compagnon s'était donné une entorse, il ne pouvait presque plus marcher. Nous fûmes donc forcés d'abandonner la poursuite. Nous revînmes à notre cabane.

Pendant l'après-midi, de grandes masses de nuages obscurcirent le ciel. Nous donnâmes plus de solidité à notre hutte, et nous étendîmes de nouvelles couvertures en poils de chèvre au dehors pour la rendre imperméable. Nous venions à peine d'achever nos préparatifs, qu'un orage des plus violents éclata. Le tonnerre, répercuté dans les montagnes comme le roulement d'une artillerie éloignée, se rapprocha de plus en plus, et la pluie, en vrai déluge, tomba sur la terre chaude avec ce sifflement particulier qui ne s'entend que dans les contrées tropicales. L'orage se dissipa dans l'après-midi, et la nuit devint très-froide. Des vapeurs épaisses s'élevèrent du sol. Il était impossible de séjourner là sans s'exposer à une de ces fièvres de l'Inde qui sont bien plus dangereuses que toutes les bêtes féroces. Nous partîmes de bonne heure le lendemain ; et, trois jours après, je rentrais dans mon cottage d'Ootacamund.

FIN.

TABLE DES MATIÈRES

Paris. — Imprimé chez Bonaventure et Ducessois, 55, quai des Augustins.

EXTRAIT DU CATALOGUE

DE

E. DENTU, EDITEUR

LIBRAIRE

DE LA SOCIETE DES GENS DE LETTRES

PARIS

GALERIE D'ORLEANS, 13 ET 17, PALAIS-ROYAL

Paris. — Imprimé chez Bonaventure et Ducessois.

LIBRAIRIE DE E. DENTU.

Collection in-18, à 2 fr. le volume.

Aline............. Valery Vernier
Un Amour du Midi.. ***
L'Amour et l'Honneur. ***
L'Art dans la Rue... De l'Espinois.
L'Art de la Beauté .. Lola Montez.
Boulades en vers ..... E. Arnal.
Une Caravane dans le désert............. A. Gouet.
Les Clubs et les clubistes de 1848.... A. Lucas.
Le Compteur métrique Téort et Petit.
Conseils aux parents. A. Rondelet.
Contes du foyer...... A. Cauwet.
Contes de la Gascogne Cénac-Moncaut
Dans les bosquets... C. Badère.
La Dette de famille. A. Gouet.
Dict. d'anecdotes sur les femmes, etc..... L. J. Larcher.
Double conversion.... Élie de Mont.
Les Economistes appréciés........ O. Protin.
En comptant les étoiles A. Perronnet.
Les Esprits de l'Atre. René de Pont-Jest.
Les États-Unis en 1861............. Georges Fisch.
Etudes sur la propriété littéraire......... G. de Champagnac.
La Fée Mignonnette (illustré)......... Duc de D***.
Du Gouvernement de Louis XIV........ H. de Marne
Une Héroïne......... De Grandpré.
Histoire des Papes... A. Challamel.
Histoire d'un Mendiant............. Oly. Audouard.
Les Idées antiproudhonniennes....... J. Lamber.
Les Illusions du temps présent........... De Plasman.
Indiscrétions et confidences........... H. Audibert.
Itinéraire de Napoléon, de Smorgoni à Paris Paul de Bourgoing.
Jacques le Charron... Ém. Greyson.
Les Joies dédaignées.. E. Manuel.
Justice.............. Ch. Habeneck.
Lettres fraternelles... Al. Weill.
Le Livre de la Vie.... H. de Callias.
Madame Hilaire..... L. Vallory.
Mademoiselle Vallantin................ Paul Reider.
Manuel du Parfumeur chimiste.......... A. Debay.
Manuel de bons secours Josat.
Masques et Visages... Gavarni.
Les Mémoires de Marguerite.......... C. Coignet.
Un Ménage d'artiste.. V. Luciennes.
La Mère............ Vic. de Dax.
La Mère du Croisé... J.-B. Sœhnlin.
Mikael............. Ol. Souvestre.
Mille ans de guerre.. Mary Lafon.
Les Mondes habités... William Snake.
Les Mystères du Palais.............. Gust. Chadeuil.
Des Officiers-Magistrats de police...... E. Mainard.
Le Pêcheur à la mouche artificielle..... Ch. de Massas.
Physiologie des voyageurs de commerce. A. Fourgeaud.
Une Possédée en 1862. Isab. Julliard.
La Question des filles à marier.......... Fourcade-Prunet.
Révolution navale.... F. Billot.
Le Roitelet......... Jules de Gères.
Le Roman du mari... Am. Achard.
Le Servage des Gens de mer............... Benard.
Simples récits....... Léon Guérin.
Le Sommeil magnétique Alexis.
Souvenirs d'une Chemise rouge......... U. de Fonvielle.
Tablettes des Révolutions............. Cadiot.
Les Talons rouges.... G. Desnoiresterres.
Thérèse.............. Ernest Daudet.
La Vie en chemin de fer............... B. Gastineau.
La Vie de Garçon.... H. d'Audigier.
Une Volée de merles.. Jean Dolent.
Werther........... Gœthe.

Collection in-18, à 2 fr. 50 c. le volume.

Les Amours sincères. 4 vol................. Em. Leclercq.
L'Art de converser et d'écrire chez la femme Paul Leconte.
Comment on convertit un Mari.......... De Plasman.
La Dalmatie ancienne. F.-L. Levasseur
La Femme affranchie. 2 vol............. J. d'Héricourt.
La Gaviota......... F. Caballero.
Histoire populaire des guerres de la Vendée **

Collection in-18 à 2 fr. 50 c. le volume. (*Suite.*)

Hygiène des Baigneurs	A. Debay.
— *des cheveux et de la barbe*.........	A. Debay.
— *du visage et de la peau*..........	A. Debay.
— *des pieds et des mains*..........	A. Debay.
Hygiène et perfectionnement de la beauté humaine...........	A. Debay.
Hypérion et Kavanagh. 2 vol.........	H. Longfellow.
Manuel élément. de l'aspirant magnétiseur.	J.-A. Gentil.
Mémoires sur la Vendée 2 vol. (*illust.*)........	Me de La Rochejaquelein.
Les Parfums et les fleurs	A. Debay.
Philosophie du mariage	A. Debay.
Satires parisiennes...	E.-G. Rey.
Séraphin...........	Em. Leclercq.
Les Socialistes depuis février............	Jules Breynat.
Tableaux de genre....	Em. Leclercq.
La Vie à ciel ouvert. 2 v.	Pessonneaux.

Collection in-18, à 3 fr. le volume.

Abécédaire du Salon de 1861..............	Th. Gautier.
Aimée...............	Paul Féval.
Les Amants d'aujourd'hui.............	Arn. Frémy.
L'Ame du navire......	G. de la Landelle.
L'Amour à Paris.....	Louis Jacquier.
L'Amour d'une Blanche.	Ch. Jobey.
L'Amour par les grands écrivains....	* * *
Les Amours de Geneviève............	Fortunio.
Les Amours de village.	Vict. Rostand.
Un Amour vrai.......	Louise Vallory.
L'Ancien Figaro......	Em. Gaboriau.
Les Anglais, Londres et l'Angleterre......	L.-J. Larcher.
L'Année anecdotique..	F. Mornand.
L'Année comique....	Pierre Véron.
L'Année rustique.....	Victor Borie.
L'Art et les Plaisirs de la chasse au lièvre..	L. de Curel.
Autour de la table....	George Sand.
Les Autrichiens et L'Italie............	De la Varenne.
Les Aventures de Karl Brunner..........	Alf. Assolant.
L'Aveugle de Bagnolet.	Ch. Deslys.
Ballades et chants de la Roumanie.......	Alexandri.
Le Batelier de Clarens. 2 vol.............	J. Olivier.
Bévues parisiennes....	G. de Flotte.
Blanche Mortimer....	Adrien Paul.
Les Bleus et les Blancs. 2 vol...............	Ét. Arago.
*Une Bonne Fortune de François I*er.......	Benj. Pifteau.
Bouche de fer.......	Paul Féval.
La Bouche humaine..	Dorigny.
Le Brésil tel qu'il est.	Ch. Expilly.
La Bûche de Noël...	Ed. Plouvier.
La Canne de madame Desrieux........	Ch. Duvernet.
Les Cantatrices célèbres	Escudier.
Le Capitaine de la Belle-Poule.............	De Charolais.
Le Capitaine Fantôme 2 vol..............	Paul Féval.
Catherine d'Overmeire. 2 vol...............	E. Feydeau.
La Charité à Paris...	Jul. Lecomte.
Le Charnier des Innocents.............	Julien Lemer.
La Chasse et les Chasseurs............	Léon Bertrand.
Les Chasses sauvages de l'Inde.........	Germ. de Lagny.
Childe Harold. 2 vol..	D. de Pontès.
Chrétienne et Musulman..............	* * *
Clarisse.............	Alp. Dequet.
Le Cœur et l'Ame.....	A. Debay.
Les Comédies parisiennes................	E. Greeves.
Les Comédiennes adorées. 2 vol..........	Em. Gaboriau.
Comment aiment les femmes............	Valery Vernier
Comment aiment les hommes........	Oly. Audouard.
Le Comte de Walneg.	Nic. Prédesco.
Contes kosaks........	M. Czaykowski.
Contes et profils normands............	Marc Bayeux.
Contes Pompadour...	A. des Essarts.
Contes populaires de la Norwége..........	E. Beauvois.
Les Cotillons célèbres. 2 vol.............	Ém. Gaboriau.
Les Cours galantes. 3 v.	Desnoiresterres
Les Crimes domestiques	Jules Richard.
Le Curé du Pecq.....	G. Chadeuil.
Dame Fortune........	Paul Perret.
Dean le quarteron.....	H. Gibston.

Collection in-18 à 3 fr. le volume. (*Suite.*)

Les Demi-Vertus..... Louis Depret.
Le dernier Amour.... Ét. Enault.
Une Dette de jeu...... Adrien Paul.
Deux Hivers en Italie. Ch.-F. Lapierre
Dictionnaire des ordres de chevalerie (*illust.*) Gourdon de Genouillac.
Le Docteur Antonio.. J. Ruffini.
Les Dogmes nouveaux. E. Nus.
Domenica........ L. Godard.
Don Juan de Padilla. Du Hamel.
Un Drame électoral... J.-M. Gagneur.
Le Drame de la jeunesse.............. Paul Féval.
Un Drame à Calcutta. A. de Brehat.
Une Drôlesse......... Jules Claretie.
Les Drames du Désert Léon Beynet.
Elena............... Cons. de Dunka
Encyclopédie de l'Amour............... L.-J. Larcher.
Encyclopédie hygiénique. 9 *vol*......... A. Debay.
Enigmes des rues de Paris.......... ... Éd. Fournier.
Escapades d'un homme sérieux......... Armengaud.
Esprit de madame de Girardin .... * * *
L'Esprit dans l'histoire.............. Éd. Fournier.
L'Esprit des autres... Ed. Fournier.
Le Faubourg mystérieux. 2 *vol*........ Léon Gozlan.
Les Fausses Routes... André Boni.
La Femme en blanc. 2 *v*. Wilkie Collins.
Une Femme de cœur... Marc Bayeux.
Une Femme hors ligne J.-M. Gagneur.
Une Femme libre..... Cse Dash.
Les Femmes mariées.. Arn. Frémy.
Les Femmes devant l'Échafaud..... .. L. Jourdan.
Les Femmes excentriques.............. Valery Vernier
Une Femme qui se noie. Marc-Bayeux.
La Fille d'un Homme d'argent.......... Jeanne Mussard.
La Fin d'un monde... J. Janin.
Le Fire-Fly.......... De Pont-Jest.
Le Fou Yégof........ Erckmann-Chatrian.
Les Frais de la guerre. A. de Bernard.
Francis Sauveur..... Léon Walras.
Les Francs-Maçons... Al. de St-Albin
Gaëte................ Maria de Fos.
Les Galants de la Couronne............. Paul Mahalin.
La Garde Noire...... Paul Féval.
Gazettes et gazetiers.. J.-F. Vaudin.
Les Gens de bureau... Ém. Gaboriau.
Les Gens de Loi..... Aug Marc-Bayeux.
Les Gens de théâtre... Pierre Véron.
La Gibecière d'un braconnier .... Germ. de Lagny.
Grammaire héraldique (*illustré*)...... Gourdon de Genouillac.
Les grandes Amoureuses au Couvent.... Lannau-Rolland.
Les Grands Corps politiques de l'Etat... * * *
Les Grands Capitaines amoureux......... A. Challamel.
Grands Seigneurs et Grandes Dames.... Ch. de Mouy.
La Griffe rose........ Am. Renaud.
Un Hermaphrodite... L. Jourdan.
Histoire anecdotique de la Fronde.. .... A. Challamel.
Histoire des Artistes vivants........... Th. Silvestre.
Histoire de la Censure théâtrale.......... Hallays-Dabot.
Histoire de l'Industrie française......... E. d'Auriac.
Histoire d'une Mère et de ses Enfants...... Louis Ulbach.
Hist. du Pont-Neuf. 2 *v*. Ed. Fournier.
L'Homme au chien muet P. Vialon.
*Les Hommes d'Etat de l'Angleterre au XIX*e *siècle*............. A. de la Guéronnière.
Les Hommes de lettres. De Goncourt.
*Le 13*e *hussards*...... Ém. Gaboriau.
Jacqueline Voisin.... Paul Delltuf.
Jane Gray.......... Alph. Brot.
Jessie. 2 *vol*......... Mocquard.
Les jeunes Amours.... A. de Bréhat.
La Jeunesse amoureuse Jean du Boys.
Joséphin le Bossu..... Arn. Frémy.
Journal du siége de Gaëte .... Ch. Garnier.
Lavinia. 2 *vol*....... J. Ruffini.
Légendes bretonnes.... A. d'A***.
Lettres d'amour de Mirabeau........... Mario Proth.
Lettres de Junius..... * * *
Lettres de Mademoiselle Aïssé......... Ravenel.
Lettres de Province.. Ch. Sauvestre.
La Loi de Dieu....... Ch. Deslys.
Lorenzo Benoni...... J. Ruffini.
Madame Claude...... Eug. Muller.
Madame Gil Blas. 2 *v*. Paul Féval.
Manuel du chasseur au chien d'arrêt....... L. de Curel.
Le Manuscrit de ma Cousine........... H.-T. Leidens.
Les Marchands de Santé............. Pierre Véron.
Les Mariages d'aventure....... .... Ém. Gaboriau.

Collection in-18 à 3 fr. le volume. (*Suite.*)

Le Mari d'Antoinette. Louis Ulbach.
Les Marionnettes de Paris. Pierre Véron.
Les Maris-Garçons. A. de Kéraniou.
Les Martyrs de l'Amour Louis Jourdan.
Les Massacres de Galicie. L. Chodzko.
Les Mauvais côtés de la Vie. Aug. Luchet.
Mémoires d'un homme du monde. A. Rondelet.
Mémoires d'un Mormon L.-A. Bertrand
Le Mexique, Havane et Guatemala. A. de Valois.
Le Monde spirituel. Caudemberg.
La Morale universelle. De Guldenstubbe.
Mœurs et coutumes de la vieille France. Mary-Lafon.
Une Nichée de gentilshommes. I. Tourguénef.
Notice sur Beethoven. A.-F. Legentil.
Un nouveau Droit européen. T. Mamiani.
Nouveaux Contes. Andersen.
Nouvelles espagnoles. C. Habeneck.
Nuit de veille d'un prisonnier d'Etat. Aloys. Huber.
Les Nuits de la Maison Dorée. Ponson du Terrail.
Les Originaux de la dernière heure. Em. Colombey.
Paris. Gust. Claudin.
Paris au gaz. Julien Lemer.
Paris mystérieux. Manè.
Paris s'amuse. Pierre Véron.
Le Paris viveur. Manè.
Pasquin et Marforio. Mary-Lafon.
Pauvre Mathieu. A. de Bernard.
Les Paysans russes. A. Lestrelin.
La Pêche d'un mari. Hippol. Lucas.
Le Père aux bêtes. A. Martin.
La Perle de l'île d'Orr. Becker-Stowe.
Les Petites ouvrières. Will. Duckett.
Les Petits mystères de l'hôtel des Ventes H. Rochefort.
Petits romans. A. de Bréhat.
Un Philosophe au coin du feu. L. Jourdan.
Philosophie magnétique A. Morin.
Le Pirate du Saint-Laurent. H.-E. Chevalier
Poëmes. L. Mesnard.
Poésies populaires serbes. A. Dozon.
Portraits du XVIIIe siècle. 2 vol. De Goncourt.
Le Premier Amour d'une jeune fille. Lardin et Mlle d'Aghonne.
Le Présent de Noces. A. Pouroy.
Quelques vérités utiles. * * *
Raymond. C. de Mouy.
Récits de la vie réelle. C. Vignon.
La Régence galante. A. Challamel.
La Religion des imbéciles. H. Monnier.
La Réputation d'une femme. P^esse de Solms.
Le Roman de la plage. A. Challamel.
Les Romanciers grecs et latins. Vict. Chauvin.
Romans intimes. M.-A. Peigné.
Romans irlandais. W. Carleton.
Ruses d'Amour. Ém. Gaboriau.
Un Sauvage à Paris. Fourcade Prunet.
Le Secret de Polichinelle. L. Laurent-Pichat.
Le Solitaire de la Tour d'Avance. Du Gout d'Albret.
Les Souffre-Plaisir. Pierre Véron.
Souvenirs des Campagnes d'Italie et de Hongrie. De Pimodan.
Souvenirs de Voyage et de Guerre. M. Kamienski
Souvenirs et impressions. George Sand.
Les Stations d'un touriste. A. de Bernard.
Les Strauss français. M. de Plasman.
Sylvie. E. Feydeau.
La Syrie, la Palestine et la Judée. Laorty-Hadji.
Les Trabucayres. D. St-Yves et Oct. Fevé.
Les Travailleurs de Septembre. Horace de Vieil-Castel.
Trente-neuf hommes pour une femme. H.-E. Chevalier
Tristia. A. Toussenel.
Le Troupier tel qu'il est. Dubois de Gennes.
Valdieu. M.-L. Duval.
Les Valets de grande maison. A. de Kéraniou.
La Vénerie contemporaine. De Foudras.
Victoire Normand. Claude Vignon.
Le Vieux Musicien. A. Mazon.
Une Voiture de masques. De Goncourt.

Collection in-18, à 3 fr. 50 c. le volume.

Adam Bede. 2 *vol*.... George Eliot.
L'Angleterre et la vie anglaise.......... A. Esquiros.
Le Christianisme unitaire.............. W. Channing.
Le Comte de Raousset-Boulbon........... De Lachapelle.
Les Epaves.......... A. Lacaussade.
De l'Esclavage....... W. Channing.
Excentricités du langage............... Lorédan-Larchey.
Fables............... Nibelle.
Guide pratique du fermier et de la fermière............. Mme Millet-Robinet.
La Guerre et la Paix, 2 *vol*............... J. Proudhon.
Iambes et Poëmes.... Aug. Barbier.
L'Immortalité........ A. Dumesnil.
L'Italie des Italiens. 2 *vol*.............. Louise Colet.
Le Jardin d'amour... P. de l'Isle.
Jules César.......... Aug. Barbier.
Hist. des classes privilégiées. 2 *vol*..... L. de Givodan.
Lettres inédites du comte de Cavour... Ch. de la Varenne.
*Magie du XIX*e *siècle, Ténèbres*........... A. Morin.
Mémoires d'un Bibliophile.............. Tenant de Latour.
Les Mystères du désert. 2 *vol*.............. Du Couret.
Œuvres sociales...... W. Channing.
Paris moderne....... Couturier de Vienne.
Pétersbourg et Moscou. Léon Godard.
Pie IX............. A. de St.-Albin.
Poëmes et Paysages... A. Lacaussade.
Poésies.............. C. Michaux.
Portrait intime de Balzac.............. Ed. Werdet.
Rimes légères, chansons et odelettes.... Aug. Barbier.
La Scandinavie....... G. Lallerstedt.
Sonnets, Iambes et Ballades.............. E. de Sars.
Souvenirs du marquis de Valfons.... De Valfons.
Théorie de l'impôt.... J. Proudhon.
Traités religieux..... W. Channing.
Les Tulliver......... George Eliot.
La Turquie et ses Peuples. 2 *vol*......... H. Mathieu.
Voyage aux Alpes.... M. Dargaud.
Voyage en Auvergne. Louis Nadeau.

OUVRAGES ILLUSTRÉS.

L'Afrique du Nord... Jules Gérard.
Une Aventure sur la mer Rouge. .... Louis Deville.
Le Chemin de l'Epaulette.............. Aug. Lecomte.
La Gerbée........... Michel Masson.
Hist. anecdot. des cafés et cabarets de Paris. Alfred Delvau.
Le Mangeur d'hommes Jules Gérard.
Nouveaux Souvenirs de chasse et de pêche... Louis de Dax.
Les Princesses russes prisonnières au Caucase. .... Éd. Merlieux.
Quatre mois de l'expédition de Garibaldi en Sicile et en Italie. Durand-Brager.
Souvenirs d'un vieux chasseur d'Afrique.. Ant. Gandon.

Collection in-18, à 4 fr. le volume.

Chiromancie nouvelle .. .. Ad. Desbarrolles.
Corneille à la Butte Saint-Roch.............. Ed. Fournier.
La Dame au manteau rouge.. .... A. Pommier.
France, Rome, Italie......................... Jules Favereau.
Guide botanique de la santé.................. A. Coffin.
Histoire de la musique en France............. Charles Poisot.
Lettres de Silvio Pellico.................... A. de Latour.
Les Maîtresses du Régent..................... M. de Lescure.
La Peinture en France (*illustré*)... .... O. Merson.
Poëmes et chants marins...................... G. de la Landelle.
Récits d'un chasseur (*illustré*)............. I. Tourguénef.
Souvenirs d' France et d'Italie.............. J. d'Estourmel.
La Vie et la Mort de Charles-Albert........... Louis Cibrario.
Voyage autour d'une Volière (*illustré*)........ .. Lacombe.

BIBLIOTHÈQUE DU THÉATRE MODERNE

L'Alphabet de l'Amour, comédie-vaudeville en un acte, de M. Eugène Moniot. 1 »

Les Bienfaits de Champavert, comédie-vaudeville en un acte, par M. Henri Rochefort. 1 »

La Comtesse Mimi, comédie en 3 actes, par MM. Varin et Michel Delaporte. 2 »

Corneille à la Butte Saint-Roch, comédie en un acte, en vers, par M. Édouard Fournier, précédée d'une préface. 1 »

La Fanfare de Saint-Cloud, opérette en un acte, de M. Siraudin, musique de M. Hervé. 1 »

La Fleur du Val-Suzon, opéra-comique en 1 acte, paroles de M. Turpin de Sansay, musique de M. George Douay. 1 »

L'Homme du Sud, à-propos burlesque, mêlé de couplets, par MM. Rochefort et Albert Wolff. 1 »

L'Homme entre deux âges, opérette en 1 acte, par M. Émile Abraham, musique de M. Henri Cartier. 1 »

L'Hôtesse de Virgile, comédie en un acte, en vers, par M. Édouard Fournier, jolie impression de Perrin, de Lyon. 2 »

Les Illusions de l'Amour, comédie en un acte et en vers, par Ernest Serret. 1 »

La Malle de Lise, scènes de la vie de garçon, par M. Édouard Brisebarre. 1 »

Le Mariage de Vadé, comédie en vers en 3 actes et un prologue, par MM. Amédée Rolland et Jean Du Boys. 2 »

Le Paradis trouvé, comédie en un acte, en vers, par M. Édouard Fournier. 1 »

Les Petits oiseaux, comédie en trois actes, par MM. Eugène Labiche et Delacour. 2 »

Les Plantes parasites, ou la Vie en famille, comédie en 4 actes, par M. Arthur de Beauplan. 2 »

Le Premier pas, comédie en un acte, par MM. Labiche et Delacour. 1 »

Les Projets de ma Tante, comédie en un acte, en prose, par M. Henri Nicolle. 1 »

Prudence est Sûreté, proverbe en un acte, de M. Eugène Moniot. 1 »

Monsieur de la Raclée, scènes de la vie bourgeoise, par MM. Édouard Brisebarre et Eugène Nus. 1 »

Les Scrupules de Jolivet, vaudeville en un acte, par M. Raimond Deslandes. 1 »

Une Semaine à Londres, voyage d'agrément et de luxe, folie-vaudeville en trois actes et onze tableaux, par MM. Clairville et Jules Cordier. 1 50

La Servante Maîtresse, opéra-comique en deux actes, paroles de Baurans, musique de Pergolèse. 1 »

Les Voisins Vacossard, comédie-vaudeville en un acte, par M. Marc-Michel. 1 »

Le Vrai courage, comédie en deux actes, par MM. Belot et Raoul-Bravard. 1 »

Zémire et Azor, opéra-comique en quatre actes, par Marmontel, musique de Grétry. 1 »

Paris. — Imprimé chez Bonaventure et Ducessois.

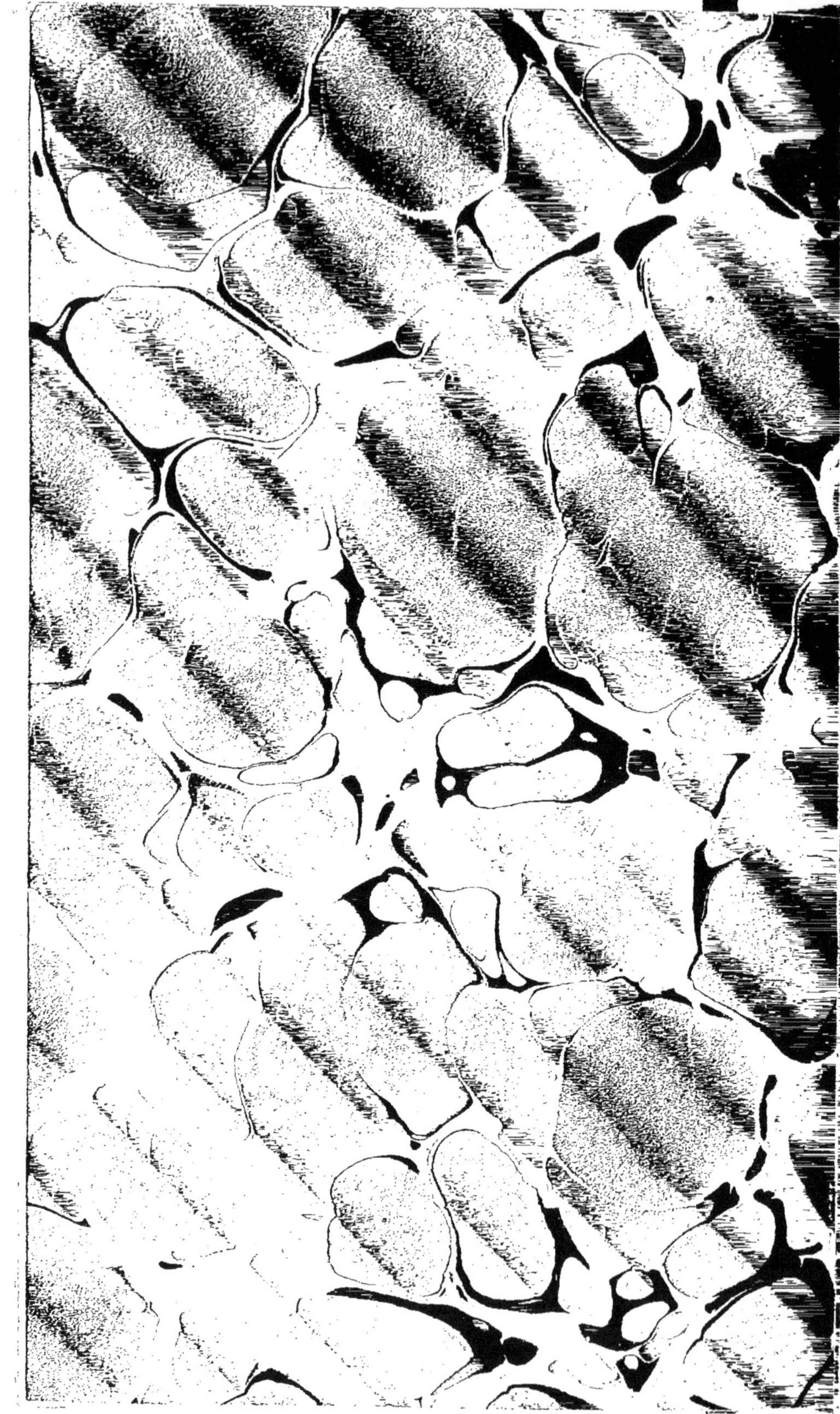

www.ingramcontent.com/pod-product-compliance
Ingram Content Group UK Ltd.
Pitfield, Milton Keynes, MK11 3LW, UK
UKHW021940200726
13856UKWH00005B/278